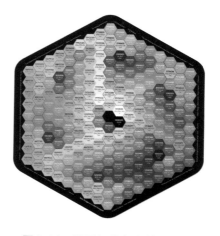

R153 G102 B0	R51 G51 B102	R153 G153 B255
R204 B153 B0	R0 G51 B153	R102 G102 B204
R255 G204 B0	R0 G102 B204	R153 G153 B204
R255 G255 B0	R0 G131 B215	R102 G102 B153
R255 G255 B153	R0 G153 B255	R0 G102 B0
R255 G219 B157	R62 G154 B222	R0 G153 B0
R255 G204 B102	R153 G204 B255	R102 G204 BS1
R255 G153 B51	R180 G226 B255	R153 G255 B102
R255 G121 B75	R222 G255 B255	R204 G255 B204
R255 GS1 B0	R255 G204 B255	
R153 G0 B0	R204 G204 B255	

图 2.5　Windows XP 图标颜色

图 2.11　网页经典色彩搭配大全

图 3.4　图像绘制实例

图 3.5　素材图、合成图

图 4.15　QQ 图标效果图

图 4.48　小金鱼效果图

图 4.64　日历板效果图

图 4.79　PNG 素材图片

(a)

(b)

图 5.11　皮肤效果图

图 5.41 中国风—墨竹

图 7.1 最终设计效果图

图 6.1 登录界面最终效果图

图 6.25 播放器最终效果图

图 7.25 "妙味课堂"首页

图 7.26 PBS 首页

图 7.27 WEBGENE 首页

图 7.28　"爱口秀英语培训"首页

图 8.2　满版型

图 8.3　分割型

图 8.4　中轴型

图 8.5　曲线型

图 8.6　倾斜型

图 8.7　对称型

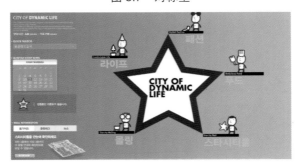

图 8.8　焦点型

图 8.9　三角型

图 8.10　自由型

全国高职高专计算机立体化系列规划教材

人机界面设计

主　编　张　丽　徐文平　罗　印

北京大学出版社
PEKING UNIVERSITY PRESS

内 容 简 介

　　本书详细地介绍进行数字人机界面设计的基础理论、基础工具和基本设计方法，并通过大量的实例，由浅入深地将软件人机界面所需要掌握的基础——呈现给读者，方便读者学习掌握。本书介绍现在流行的界面设计软件，包括 Photoshop、Illustrator、IconWorkShop 几个软件的使用方法。

　　本书共分 8 章，主要介绍图形图像基础及色彩设计、数字人机界面工具、图标设计、搜狗拼音输入法皮肤设计、软件界面设计、网站界面设计和设计要素等相关内容。其中，每章都有相应实训和练习题，方便读者进行学习。

　　本书适合作为高等职业院校计算机相关专业和数字艺术相关专业的课程教材，也可供相关人员自学参考使用。

图书在版编目(CIP)数据

人机界面设计/张丽，徐文平，罗印主编． —北京：北京大学出版社，2012.6

(全国高职高专计算机立体化系列规划教材)

ISBN 978-7-301-20659-1

Ⅰ.①人… Ⅱ.①张…②徐…③罗… Ⅲ.①人机界面—系统设计—高等职业教育—教材 Ⅳ.①TB11

中国版本图书馆 CIP 数据核字(2012)第 096004 号

书　　　　名：人机界面设计
著作责任者：张丽　徐文平　罗印　主编
策 划 编 辑：林章波
责 任 编 辑：李彦红
标 准 书 号：ISBN 978-7-301-20659-1/TP · 1223
出　版　者：北京大学出版社
地　　　址：北京市海淀区成府路 205 号　100871
网　　　址：http://www.pup.cn　http://www.pup6.cn
电　　　话：邮购部 62752015　发行部 62750672　编辑部 62750667　出版部 62754962
电 子 邮 箱：pup_6@163.com
印　刷　者：三河市博文印刷有限公司
发　行　者：北京大学出版社
经　销　者：新华书店
　　　　　　787mm×1092mm　16 开本　11.75 印张　249 千字
　　　　　　2012 年 6 月第 1 版　　2016 年 8 月第 3 次印刷
定　　　价：25.00 元

《工学结合工程应用型人才培养系列规划教材》
编委会委员名单

编委会主任：刘乃琦

编委会副主任：朱　军　刘甫迎

编委会委员：

四川托普信息技术职业学院	马在强
四川信息技术职业学院	苟代和
四川交通职业技术学院	陈　斌
四川建筑职业技术学院	刘　忠
成都职业技术学院	李亚平
成都农业科技职业学院	尹华国
重庆信息技术职业学院	游祖元
云南民族大学职业技术学院	普林林
河南师范大学软件职业技术学院	王晓东
兰州理工大学软件职业技术学院	宓庆续
郑州大学软件技术学院	李占波
郑州轻工业学院软件职业技术学院	邓璐娟
许昌学院软件职业技术学院	胡子义
达州职业技术学院	卿　勇
洛阳师范学院软件职业技术学院	智西湖
开封大学软件职业技术学院	张新成
黄淮学院示范性软件职业技术学院	周　鹏

序

我国高等教育已经进入大众化教育阶段，社会对人才的需求是多样化的，既需要一定数量的科学家和大量的工程师，还需要更多的专业技师。高职高专院校在我国高等教育领域占有非常重要的地位，特别是计算机类等工科专业，更是承担着重要的工程技术教育任务，为培养技能型的工程技术人才做出了重大的贡献。

新时期人才培养重在提高学生科学与工程素养，强化学生创造性地解决工程实际问题能力的培养，使得"工学结合"和"工程教育"模式成为改革的重点而备受关注。

"以服务为宗旨、以就业为导向"就是职业教育以社会需求为导向，学校和企业双方共同参与人才培养过程，合作培养实用人才。工程教育、职业教育将为国家培养大批创新能力强、适应经济社会发展需要的、高质量的各类型、各层次的工程技术人才。为提高其教育水平，国家积极推进"卓越工程师教育培养计划"，以及在教育中探究实施"CDIO 工程教育模式"。

从 2000 年起，以美国麻省理工学院(MIT)为首的世界几十所大学开始实施"CDIO 工程教育模式"，是近年来国际工程教育改革的最新成果，已取得了显著的成效。该模式引导基于工程项目全过程的学习，改革以课堂讲授为主的教学模式，倡导"做中学"，深受学生欢迎，更得到产业界高度评价。目前，正在我国普通高等院校和高职高专学院中推广应用。

CDIO 分别代表"构思(Conceive)、设计(Design)、实现(Implement)和运作(Operate)"，沿着从产品研发到产品运行的生命周期，将技术应用贯穿于过程实践，让学生以主动的、实践的、课程之间有机联系的方式学习。鉴于这种教育模式与传统的教育模式有着较大的差异，要想很好地适应它，必须加大教材内容以及相应的内容组织的改革力度，按照新的观念和思路进行教材编写。

根据上述改革要求，编委会组织了这套教材。本套教材的作者通过努力探索如何将近些年积累的教学改革成果融入教材，使之形成一些较为明显的特点。例如，有的力求遵循 CDIO 的模式，有的采用案例和业务流程的模式，有的突出工程应用项目过程的知识技能模式。

这个系列教材力图体现这些年来高职高专院校在教育改革中取得的成果，也是高职高专院校与产业界、出版界合作的成果。希望此系列教材在工程技术人才培养中起到积极的、有效的作用，并不断地改进、完善。

中国计算机学会教育专业委员会主任

蒋宗礼 教授

2011 年 8 月 8 日

编写说明

　　教育部提出了"以服务为宗旨、以就业为导向"的办学指导方针，"校企合作、工学结合"的人才培养模式。校企合作是职业教育学校以市场和社会就业需求为导向，学校和企业双方合作共同参与的人才培养过程的一种培养模式。

　　工学结合是将学习与工作结合在一起的教育模式，主体包括学生、企业、学校。它以职业为导向，充分利用学校内、外不同的教育环境和资源，把以课堂教学为主的学校教育和直接获取实际经验的校外工作有机结合，贯穿于学生的培养过程之中。

　　在这样的教育模式下，我们应当提供什么样的教材？教材的内容如何能够适应教育模式？适应不同的专业和教学方式？这就是教材编写者必须考虑的问题。

　　我们认为，教材的编写者有几个观察和思考角度。首先，专业的角度，你要讲述什么内容？如何讲清楚这些内容？编写者自己能否讲清楚？其次，要站在受教育对象的角度，要学习理解这些内容，需要具有什么样的知识基础？通过学习，我能够得到什么？第三，从业界的角度，这些内容是否是业界感兴趣的？社会所需要的？技术应用是否有价值？第四，站在教学的角度，课程内容与教学计划和课程设置是否适当？教材内容通过什么方式体现到教学过程中？理论、实践、技术、技能等的比例如何掌握等？有了这样的思考，编写者才能更好地构思、构建教材的编写框架，继而以丰富的内容充实这个框架，也让读者从这个框架中能够很快找到他们自己想要的东西。

　　工学结合工程应用型人才培养系列规划教材的推出，是以四川托普信息技术职业学院为组织单位的高职高专院校在教育改革中的一项成果，是高职高专院校与产业界、出版界合作，实施"创新型教学改革及成果转化"项目的成果。更多的高职高专院校的参与，更多的教学改革课题的实施，更多的教师把自己的专业知识的积累凝练和教学经验贡献出来，充实到教材内容编写中，对推动工学结合、工程型人才培养无疑是有大促进的。

　　此系列教材的推出，凝聚了各个学校教师的辛勤劳动，各位编委会委员的无私奉献，也得到了中国计算机学会教育专业委员会的积极支持，在此表示衷心的感谢。

　　也希望读者在使用教材的过程中，与我们多方沟通、联系，反映你们的意见，提出你们的建议，帮助我们将这个系列的教材编写得更好、使用得更有效。

工学结合工程应用型人才培养系列规划教材编委会

刘乃琦 教授

2011 年 8 月

前　　言

人机界面设计是一门应用前景十分广阔的计算机设计课程,在计算机软件及网站开发中发挥着越来越重要的作用。

为了适应人们对计算机软件界面越来越高的要求,以及社会对应用型、技能型人才的需求,四川托普信息技术职业学院提出了"四段式"教育理念,并很早就开设了"人机界面设计"课程。随着计算机软件技术、数字艺术的不断发展,在软件需求设计和用户界面接口设计中,人机界面设计所占的比重日益增加。我们在教学过程中通过不断总结和研究,整理出这本教材的大纲,并以近几年讲课的内容为基础,参考了大量的相关教材和文献来编写这部教材。参与编写这部教材的都是一线教师,有着丰富的实践教学经验。

本书具有完善的知识结构体系,由理论到实践,由浅入深,一步一步带领读者循序渐进地学习:通过对人机界面的概述,让读者有一条清晰的思路,掌握人机界面的发展现状;通过图形图像基础及色彩的设计,让没有基础的读者也能快速上手,掌握计算机图形图像的基础知识及基本设计原则;通过对数字人机界面工具的介绍,让读者迅速掌握设计工具,从而更方便地进行界面的设计;通过 4 个章节的实践讲解,由浅入深地将读者领入界面设计的殿堂;最后通过 1 章设计要素的总结,将整本书贯穿起来,让读者学以致用。

本书包含的素材及效果文件可登录 www.pup6.cn 下载。本书的参考学时为 60 学时,其中实训环节 32 学时,各章的参考学时参见下面的学时分配表。

章节	课程内容	学时分配	
		理论	实训
第 1 章	绪论	2	2
第 2 章	图形图像基础及色彩设计	4	2
第 3 章	数字人机界面工具	6	4
第 4 章	图标设计	4	4
第 5 章	搜狗拼音输入法皮肤设计	4	4
第 6 章	软件界面设计	4	6
第 7 章	网站界面设计	4	4
第 8 章	设计要素	4	2
课时总计		32	28

本书由张丽、徐文平、罗印主编。张丽编写了第 3、6、7、8 章,徐文平编写了第 1、2 章,罗印编写了第 4、5 章。

本书在编写过程中,参考了相关的书刊和资料,包括从互联网上获得的一些资料,在此向这些资料的作者表示感谢。

由于编写时间仓促,加之编者水平有限,书中难免存在不足之处,敬请广大读者批评指正。

作　者
2011 年 9 月于成都

目　　录

第1章　绪论 1

　　1.1　人机界面 2

　　1.2　数字人机界面 3

　　　　1.2.1　计算机软件界面演变 4

　　　　1.2.2　手机系统界面演变 7

　　1.3　数字人机界面的未来发展方向 9

　　1.4　实训练习题 10

第2章　图形图像基础及色彩设计 11

　　2.1　色彩的形成 12

　　2.2　色彩模式 12

　　2.3　色光三原色及色料三原色 13

　　2.4　矢量图和位图 13

　　2.5　分辨率 14

　　2.6　色彩设计 15

　　　　2.6.1　色彩的属性 15

　　　　2.6.2　色彩感觉 16

　　　　2.6.3　色彩的联想 17

　　　　2.6.4　数字设计中的色彩搭配 17

　　　　2.6.5　软件色彩设计 18

　　　　2.6.6　网站色彩设计 21

　　2.7　实训练习题 23

第3章　数字人机界面工具 25

　　3.1　Adobe Photoshop CS4 介绍 26

　　　　3.1.1　Photoshop CS4 工作界面 26

　　　　3.1.2　Photoshop CS4 的四大图像处理功能 27

　　　　3.1.3　必须掌握的 8 种 Photoshop 操作技能 29

　　3.2　Adobe Illustrator CS4 介绍 40

　　　　3.2.1　Illustrator CS4 工作界面 40

　　　　3.2.2　工具箱 41

　　　　3.2.3　在 Illustrator 中创建对象 42

　　　　3.2.4　图层的使用 42

　　　　3.2.5　钢笔工具的使用 45

3.3 Axialis IconWorkshop 6.0 介绍 46
    3.3.1 Axialis IconWorkshop 6.0 工作界面 47
    3.3.2 IconWorkshop 6.0 管理库 47
    3.3.3 新建图标项目 49
    3.3.4 导入图片生成图标 50
    3.3.5 更换桌面图标 52
3.4 实训练习题 54

第 4 章 图标设计 55
4.1 图标相关知识 56
    4.1.1 图标的分类 56
    4.1.2 图标设计的原则 58
4.2 制作 QQ 头像 59
    4.2.1 使用工具介绍 59
    4.2.2 制作过程 60
4.3 制作小金鱼 73
    4.3.1 设计思想 73
    4.3.2 制作过程 73
4.4 制作日历板 80
    4.4.1 设计思想 80
    4.4.2 制作过程 80
4.5 实训练习题 91

第 5 章 搜狗拼音输入法皮肤设计 93
5.1 搜狗拼音输入法简介 94
5.2 经典皮肤欣赏 94
5.3 皮肤编辑器 95
5.4 皮肤设计实例 100
    5.4.1 横排合窗口制作 101
    5.4.2 竖排合窗口制作 104
    5.4.3 状态栏制作 107
    5.4.4 按钮制作 108
    5.4.5 导入皮肤编辑器 110
5.5 导出生成安装包 112
5.6 安装及发布皮肤 112
5.7 实训练习题 115

第 6 章 软件界面设计 116
6.1 登录界面设计 117
    6.1.1 登录界面方案 117

　　　　　　6.1.2　制作过程 117

　　　　　　6.1.3　注意事项 122

　　6.2　播放器窗口设计 122

　　　　　　6.2.1　播放器方案设计 122

　　　　　　6.2.2　制作过程 122

　　　　　　6.2.3　注意事项 136

　　6.3　实训练习题 136

第 7 章　网站界面设计 138

　　7.1　网站界面设计原则 139

　　　　　　7.1.1　总体规划 139

　　　　　　7.1.2　色彩搭配 139

　　　　　　7.1.3　常用版面布局 140

　　7.2　鑫金葡萄酒公司首页设计 141

　　　　　　7.2.1　鑫金葡萄酒公司首页方案 141

　　　　　　7.2.2　制作过程 141

　　7.3　网站效果图赏析 149

　　7.4　实训练习题 151

第 8 章　设计要素 152

　　8.1　需求分析中的界面设计 153

　　8.2　设计中的禁忌要素 154

　　　　　　8.2.1　颜色禁忌 154

　　　　　　8.2.2　版式原则 156

　　8.3　设计中的原则 160

　　　　　　8.3.1　紧凑原则 160

　　　　　　8.3.2　对齐原则 161

　　　　　　8.3.3　重复原则 161

　　　　　　8.3.4　对比原则 161

　　　　　　8.3.5　一般适用原则 162

　　　　　　8.3.6　Web 适用原则 163

　　8.4　设计中的用户体验 165

　　8.5　实训练习题 166

参考文献 167

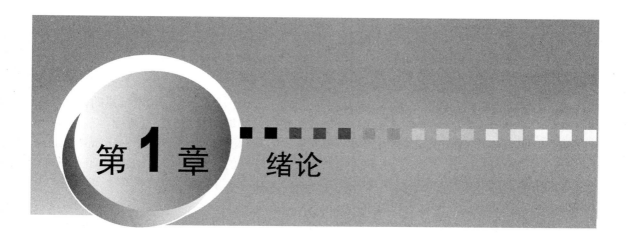

第1章 绪论

教学目标

本章重点介绍人机界面的基本概念(包括广义人机界面、狭义人机界面)、数字人机界面(包括软件界面、手机界面)以及未来数字人机界面的发展方向。通过本章的学习,学生对于人机界面要有一个基本的概念,能够指出在现实生活中实际存在的人机界面并加以分析。

教学目标

知识要点	能力要求	关联知识
理解人机界面的概念	理解	广义的人机界面、狭义的人机界面
了解数字人机界面的发展	了解	计算机软件界面的发展、手机系统界面的发展
了解未来数字人机界面的发展方向	了解	数字人机界面的发展方向

1.1 人机界面

人机界面(Human-Computer Interface，HCI)又称用户界面或使用者界面，是人与计算机之间传递、交换信息的媒介和对话接口，是计算机系统的重要组成部分。它实现信息的内部形式与人类可以接受形式之间的转换。凡参与人机信息交流的领域都存在着人机界面。

特定行业的人机界面可能有特定的定义和分类，如工业人机界面(Industrial Human-Machine Interface，Industrial HMI)。工业人机界面是一种带微处理器的智能终端，一般用于工业场合，实现人和机器之间的信息交互，包括文字或图形显示以及输入等功能。目前也有大量的工业人机界面因其成熟的人机界面技术和高可靠性而被广泛用于智能楼宇、智能家居、城市信息管理、医院信息管理等非工业领域，因此，工业人机界面正在向应用范围更广的高可靠性智能化信息终端发展。根据功能的不同，工业人机界面习惯上被分为文本显示器、触摸屏人机界面和平板电脑三大类。

人机交互界面作为一个独立的、重要的研究领域，受到了世界各计算机厂家的关注，并成为 20 世纪 90 年代计算机行业的又一竞争领域。从计算机技术的发展过程来看，人机交互界面技术还引导了相关软硬件技术的发展，是新一代计算机系统取得成功的保证。

本章从广义和狭义两个方面对人机界面进行介绍。

1. 广义人机界面

研究人机界面就离不开人机系统。人机系统(Human-Machine System)由人和机器构成并依赖于人机之间相互作用而完成一定功能的系统。它是工程心理学研究的主要对象。人机系统包括人、机和环境 3 个组成部分，它们相互联系构成一个整体。人机系统的模型如图 1.1 所示。

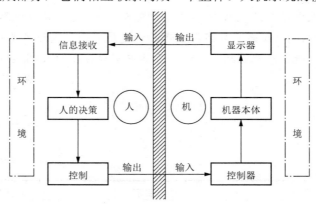

图 1.1　人机系统模型

从图 1.1 中可以看出，在人机系统模型中，无论人向机器输入信息，还是机器向人输出信息，都要通过这个"面"来完成，这个"面"称为人-机界面，人与机之间的信息交流和控制活动都发生在人机界面上。机器的各种显示都"作用"于人，实现机-人信息传递；人通过视觉和听觉等感官接收来自机器的信息，经过脑的加工、决策，然后作出反应，实现人-机的信息传递。人机界面的设计直接关系到人机关系的合理性。研究人机界面主要针对两个问题：显示和控制。

2. 狭义人机界面

狭义的人机界面(Human-Computer Interface)是计算机学科中最年轻的分支学科之一。它是计算机科学和认知心理学两大科学相结合的产物，涉及当前许多热门的计算机技术，如人工智能、自然语言处理、多媒体系统等，同时也吸收了语言学、工业设计、人机工程学和社会学的研究成果，是一门交叉性、边缘性、综合性的学科。随着计算机应用领域的不断扩大，计算机已经变成一种商品，可以装在人们的口袋里，用来帮助人们处理日常的办公业务和生活事务。自然的人机界面与和谐的人机环境已逐步变成信息世界关心的焦点，尤其是在竞争激烈的市场环境之中，人性化的用户界面更是计算机或者内藏计算机的各类装置赢得客户的重要品质。广大的软件研制人员和计算机用户迫切地需要符合简单、自然、友好、一致原则的人机界面。

在计算机硬件、软件和人共同构成的人机系统中，人与计算机硬件、软件重叠构成了人机界面，如图 1.2 所示。人机界面为用户提供感观形象，用户便可应用知识、感知和思维等获取信息，从而完成人机交互，计算机对接收的信息进行处理，再通过人机界面向用户展示信息或结果。从其工作过程可知，人与计算机之间进行信息交流是通过人机界面进行的。

图 1.2　狭义人机界面示意图

3. 人机交互

人机交互(Human-Computer Interaction， HCI)是研究关于设计、评价和实现供人们使用的交互计算系统以及有关现象的科学。

人机交互与人机界面是两个有着紧密联系而又不尽相同的概念。

人机交互是指人与机器的交互，本质上是人与计算机的交互；或者从更广泛的角度理解，人机交互是指人与含有计算机的机器的交互。具体来说，人机交互用户与含有计算机机器之间的双向通信是以一定的符号和动作来实现的，如击键、移动鼠标、显示屏幕上的符号/图形等。这个过程包括几个子过程：识别交互对象、理解交互对象、把握对象情态、信息适应与反馈等。而人机界面是指用户与含有计算机的机器系统之间的通信媒体或手段，是人机双向信息交互的支持软件和硬件。这里界面定义为通信的媒体或手段，它的物化体现是有关的支持软件和硬件，如带有鼠标的图形显示终端等。

1.2　数字人机界面

随着科学技术的不断进步，现实生活中出现了很多的数字产品，而人们在使用这些数字产品时，接触最多的也就是其界面，这一界面有硬件的界面也有软件的界面。数字产品的不断更新发展，使相应的人机界面也发生着变化，这一部分便以计算机软件界面和手机系统界面为例讲解数字人机界面的发展演变。

1.2.1 计算机软件界面演变

计算机中所使用到的软件种类繁多，下面以图像处理软件 Photoshop 为例进行介绍。

(1) Photoshop 1.0 诞生于 1990 年 2 月，其界面与今天 Windows 系统自带的"画板"组件十分相似，仅提供一些基本功能。如图 1.3 所示。

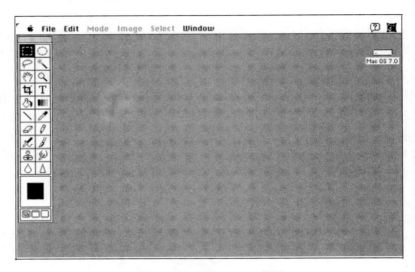

图 1.3　Photoshop 1.0 界面

(2) Photoshop 2.0 诞生于 1991 年，该版本中增加了一些绘图工具等，其界面如图 1.4 所示。

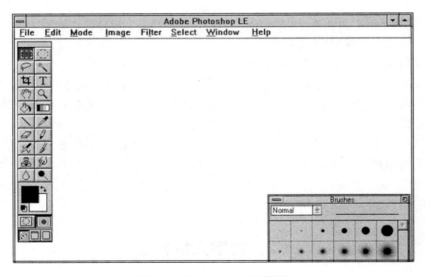

图 1.4　Photoshop 2.0 界面

(3) Photoshop 3.0 诞生于 1994 年，其版本中加入了图层功能，这个功能允许用户在不同图层中处理图片，然后合并成一张图片，其界面如图 1.5 所示。

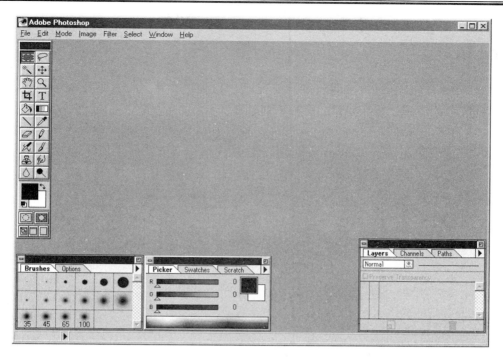

图 1.5　Photoshop 3.0 界面

（4）Photoshop 4.0 诞生于 1996 年，其 4.0 版本对用户界面进行了整合，从而节约了用户的时间，同时亦在 3.0 版本的基础上增加了调整图层等功能，其界面如图 1.6 所示。

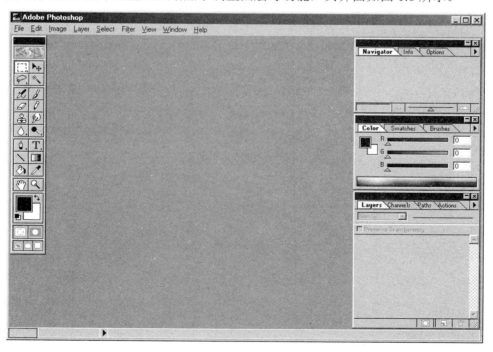

图 1.6　Photoshop 4.0 界面

（5）Photoshop 5.0 诞生于 1998 年，其 5.0 版本提出了历史记录这一概念，为用户提供了快速的撤销以及保存功能。Photoshop 5.5 诞生于 1999 年，Photoshop 6.0 诞生于 2000 年，Photoshop 7.0 诞生于 2002 年，Photoshop 8.0 诞生于 2003 年，Photoshop 9.0 诞生于 2005 年，其界面与 Photoshop 6.0 相比无重大的改变。

(6) Photoshop 10.0(即 Photoshop CS3)诞生于 2007 年，其界面如图 1.7 所示。

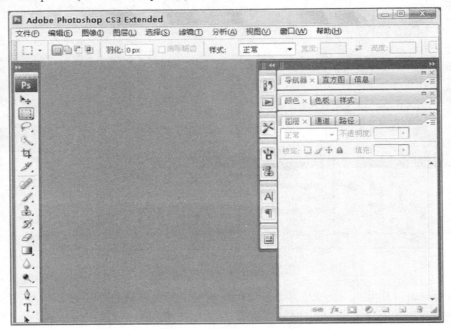

图 1.7　Photoshop CS3 界面

(7) Photoshop 11.0(即 Photoshop CS4)诞生于 2008 年，其界面如图 1.8 所示。

图 1.8　Photoshop CS4 界面

1.2.2 手机系统界面演变

手机品牌繁多，下面进行简单介绍，通过对如下手机界面的对比，用户可总结出界面的发展趋势。

(1) 90 年代晚期，Nokia 的所有手机都是直板机，单色显示、外置天线、砖块样子。5.2 英寸高的 Nokia 6160 是 Nokia 在 20 世纪 90 年代里销售最好的手机，比 Nokia 6160 更漂亮的 Nokia 8260 是 Nokia 在 2000 年推出的，有了色彩的外壳，比 6160 块头更小，4 英寸，如图 1.9 所示。

图 1.9 Nokia 6160 以及 Nokia 8260

(2) 经过一段时间的发展，2002 年，手机屏幕已经彻底地过渡到彩屏时代，由于几年时间的积累，似乎 Nokia 对于彩屏手机的到来显得游刃有余，推出了一款革命性的手机 Nokia 7650，而 Nokia 7650 的出现也标志着 Nokia 的发展达到了一个新的高度，该机是国内第一款内置摄像头的手机，有着划时代的意义。而且该机还是一款塞班智能手机，采用了S60界面，如图 1.10 所示。

图 1.10 Nokia 7650

(3) Nokia 的 N-Gage 在 2003 年上市的时候获得了不小的反响，但奇特的外形以及打电话时很傻的把持方式迎来的却是嘘声，如图 1.11 所示。

图 1.11　Nokia N-Gage

(4) 时尚别致的 Nokia 2300 配备颜色按键、Xpress-on™颜色机壳及内置多和弦铃声，如图 1.12 所示。

图 1.12　Nokia 2300

(5) Nokia 6680 采用了直板设计，长宽高为 108.4mm×55.2mm×20.5mm，重量为 133g，设计大气，掌握起来手感十足。另外，Nokia 6680 还配备了 2.1 寸的屏幕，分辨率为 176×208 像素，是第一款采用 26 万色 TFT 屏的智能手机，显示效果略显粗糙，如图 1.13 所示。

图 1.13　Nokia 6680

(6) Nokia 6700s 是一款娱乐性比较强的时尚滑盖 3G 手机，它打破 Nokia "古板"的外观风格，大胆地进行了色彩设计，给人们带来震撼的视觉冲击，颜色有樱花粉、中国红、湛青蓝、现代银、柠檬黄、诱惑紫。此外，500 万像素的摄像头相信也完全满足了时尚人士的拍照需求。该手机在 2009 年 11 月 24 日上市，如图 1.14 所示。

图 1.14 Nokia 6700s

(7) Nokia X5-00 是 2010 年 04 月上市的 3G 手机、音乐手机，外观为直板机，有钢琴黑、亮纸白、中国红可供选择，如图 1.15 所示。

图 1.15 Nokia X5-00

1.3 数字人机界面的未来发展方向

随着科学技术、网络技术的发展，人机界面会朝以下几个方向发展。

1. 高科技化

信息技术的发展，带来了计算机的巨大变革。计算机越来越趋向平面化、超薄型；输入方式已经由单一的键盘、鼠标输入，朝着多通道输入发展。多媒体技术、虚拟现实技术为用户提供了真实、动态的视觉感受。在计算机系统中，各种技术结合起来，各显其能，使产品界面更加丰富多彩，其科技含量也越来越高。

2. 自然化

早期的人机界面很简单，要实现人机对话主要采用的是机器语言。由于硬件技术以及计算机图形学、软件工程、人工智能、窗口系统等软件技术的发展，图形用户界面(Graphic User Interface)、直观操作(Direct Manipulation)、"所见即所得"(What you see is what you get)等交互原理和方法相继产生并得到了广泛应用，取代了旧有"键入命令"式的操作方式，推动人机界面自然化向前迈进了一大步。然而，人们不仅仅满足于通过屏幕显示或打印输出信息，进一步要求能够通过视觉、听觉、嗅觉、触觉以及形体、手势或口令，更自然地"进入"到环境空间中去，形成人机"直接对话"，从而取得"身临其境"的体验。

3. 人性化

随着科学技术的发展、生活水平的提高，人们越来越追求个人的需要和感受。对于人机界面也不例外，人机界面的设计主体是人，设计的使用者和设计者也是人，那么人机界面就应当满足人对于它的要求。从这个方面上来讲，人机界面人性化和人性化界面的出现，完全是必然的。另一个方面，人机界面和人之间还必须建立一种和谐的关系，从而最大限度地挖掘人的潜能，综合平衡地使用人的机能，保护人体健康、提高效率。

建立高科技化、自然化、人性化的人机界面已成为当今人机界面研究的主题。在人机交互界面中，计算机可以使用多种媒体而用户只能同时使用一个交互通道与计算机进行交互，从计算机到用户的通信带宽要比用户到计算机的大得多，这是一种不平衡的人机交互。目前，人机交互正朝着从单通道向多通道以及从二维交互向三维交互的转变，发展用户与计算机之间快捷、低耗的多通道界面。

1.4　实训练习题

一、简答题

什么是人机界面？什么是人机交互？

二、分析题

1. 举例说明计算机软件界面的演变过程。
2. 对于人机界面未来的发展方向，谈谈自己的看法。

第2章　图形图像基础及色彩设计

 教学目标

　　本章重点介绍色彩的形成、色彩模式以及色彩设计。通过本章学习，学生对于色彩的形成、常用色彩模式、矢量图、位图、网站色彩设计、软件色彩设计等要有一个基本的了解，从而为后续的软件界面设计和网站设计奠定基础。

 教学目标

知识要点	能力要求	关联知识
理解色彩的形成、常见色彩模式，理解色彩是如何形成的以及几种色彩模式的特点以及各自的应用范围	理解	光是产生色彩的基础，常见色彩模式：RGB、CMYK、Lab、HSB 和灰度模式
了解色光三原色及色料三原色	了解	色光三原色为 RGB；色料三原色为 RYB
掌握矢量图与位图之间的差别	掌握	矢量图显示效果单调、显示速度快、占用空间小；位图显示效果细腻、显示速度相对较慢，占用空间大
理解各种分辨率的基本概念	理解	图像分辨率、扫描分辨率、设备分辨率、位分辨率
理解实际应用中色彩的搭配	理解	软件中的色彩搭配、网站中的色彩搭配

2.1　色彩的形成

色彩是光的波长造成的，出现某种色彩，是特定的某一种频率的光线进入人眼，而使人产生的一种生理反应。如果某个光源发出某种颜色的光，说明该光源主要发射相对应的频率的光。对于不发光物体的色彩，是由于该不发光物体不吸收某种颜色的光，而吸收其他颜色的光。如看到绿色的树，那么说明光线照到树上时，树没有吸收绿光，而是对绿光进行反射和折射，同时吸收了其他颜色的光。白色的物体不吸收任何光，黑色物体不反射任何光。

2.2　色　彩　模　式

色彩模式是描述颜色的方法，常见的色彩模式有 RGB、CMYK、Lab、HSB 和灰度模式。

1. RGB 模式

RGB 模式中的 R、G、B 分别是 Red(红色)、Green(绿色)和 Blue(蓝色)3 种颜色的缩写。RGB 模式是一种加色模式，大部分色谱是由红色、绿色和蓝色三色光混合而成的。红色、绿色和蓝色即被称为三原色。这三原色的取值范围均为 0～255，当 R、G、B 值均为 255 时，得到白色；当 R、G、B 值均为 0 时，得到黑色。

2. CMYK 模式

CMYK 模式中 C、M、Y、K 分别是 Cyan(青色)、Magenta(洋红色)、Yellow(黄色)和 Black(黑色)的缩写。为了避免和 RGB 模式中的蓝色混淆，黑色用 K 而不是用 B 表示。CMYK 模式是一种减色模式，其中青色是红色的互补色；洋红色是绿色的互补色；黄色是蓝色的互补色。CMYK 模式被应用于印刷技术方面。

3. Lab 模式

Lab 颜色是由亮度分量 L 和两个色度分量 ab 组成，其中 a 分量从绿色到红色，b 分量从蓝色到黄色。Lab 模式的最大特点是颜色与设备无关，无论使用何种设备创建或输出图像，均能生成一致的颜色。

4. HSB 模式

HSB 模式中 H、S、B 分别是 Hue(色相)、Saturation(饱和度)和 Brightness(亮度)的缩写。HSB 模式是从人眼对颜色的感觉出发，人眼看到的任一彩色光都是这 3 个特性的综合效果，这 3 个特性即是色彩的三要素。

5. 灰度模式

灰度模式用单一色调表现图像，每个像素可表现 256 阶(色阶)的灰色调(含黑和白)，用于将彩色图像转为高品质的黑白图像(有亮度效果)。通常黑白或灰度扫描仪生成的图像以灰度模式显示。

2.3　色光三原色及色料三原色

依据色彩理论，原色包含"色光三原色"和"色料三原色"两个系统，它们各有自己的理论范畴。

1. 色光三原色

R、G、B 3 种颜色构成了光线的三原色，计算机显示器就是根据这个原理制造的。于是，色光三原色又叫"电脑三原色"。色光三原色的配色规律见表 2-1。

表 2-1　RGB 配色规律

原色 1	原色 2	原色 3	混合色
红	绿	×	黄
×	绿	蓝	湖蓝
红	×	蓝	紫
红	绿	蓝	白

2. 色料三原色

在绘画中，使用 3 种基本色料 R(红)、Y(黄)、B(蓝)，可以混合出多种颜色，这就是色料三原色。色料是绘画的基本原料，其配色的基本规律见表 2-2。

表 2-2　色料配色规律

原色 1	原色 2	原色 3	混合色
红	黄	×	橘黄
×	黄	蓝	绿
红	×	蓝	紫
红	黄	蓝	黑

2.4　矢量图和位图

计算机能以矢量图(Vector)或位图(Bitmap)格式显示和处理图像。由于图片描述原理的不同，对这两种图的处理方式也有所不同。

1. 矢量图

矢量图使用由数学公式定义的线段和曲线描述图像，所以称为矢量，同时图形也包含了色彩和位置信息。例如，用半径来定义一个圆，或用长宽值来定义一个正方形。

2. 位图

位图图像也称为栅格图像，位图使用人们称为像素的一格一格的小点来描述图像。计算机屏幕其实就是一张包含大量像素点的网格。

3. 矢量图和位图比较

(1) 位图图像细腻，可以表现颜色的细微层次；矢量图则不能表现出颜色之间的细微过渡。矢量图形适合于表现变化的曲线、简单的图案和运算的结果等；而位图图像的表现力较强，层次和色彩较丰富，适合于表现自然的、细节的景物。

(2) 位图图像存储时所需要的存储空间大于矢量图。矢量图形的颜色作为绘制图元的参数在指令中给出，所以图形的颜色数目与文件的大小无关；而位图图像中每个像素所占的二进制位数与图像的颜色数目有关，颜色数目越多，占据的二进制位数也就越多，位图图像所占存储空间也就越大。

(3) 位图图像放大失真，如图 2.1 所示；矢量图形不会因为显示比例的改变而失真，如图 2.2 所示。

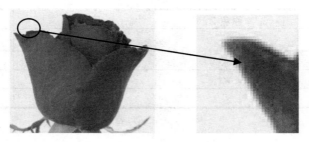

图 2.1　位图图像放大前后对比图

(a) (b)

图 2.2　矢量图形放大前后对比图

2.5　分　辨　率

分辨率是和图像相关的一个重要概念，是指在单位长度内含有像素的多少。分辨率的种类很多，含义也各不相同。准确理解不同分辨率的具体含义，是至关重要的。

1. 图像分辨率

图像分辨率指的是每英寸图像含有多少个点或像素，分辨率的单位为 dpi(每英寸点数)。在数字化的图像中，分辨率的大小直接影响到图像的质量。分辨率高的图像就越清晰，文件所占用的磁盘空间也就越大。文件大小与其图像分辨率的平方成正比。如果图像尺寸不变，将图像分辨率提高 3 倍，则其文件大小为原来的 9 倍。

2. 扫描分辨率

扫描分辨率指的是在扫描一幅图像之前所设定的分辨率，它将影响所生成的图像文件的质量和使用性能，它决定图像将以何种方式显示或打印。如果扫描图像用于 640×480 像素的屏幕显示，则扫描分辨率不必大于一般显示器屏幕的设备分辨率，即一般不超过 120dpi。但大多数情况下，扫描图像是为了在高分辨率的设备中输出。如果图像扫描分辨率过低，会导致输出的效果非常粗糙。反之，如果扫描分辨率过高，则数字图像中会产生超过打印所需要的信息，不但减慢打印速度，而且在打印输出时会使图像色调的细微过渡丢失。

3. 设备分辨率

设备分辨率又称输出分辨率，指的是各类输出设备每英寸上可产生的点数，如显示器、喷墨打印机、激光打印机、绘图仪的分辨率。这种分辨率通过 dpi(每英寸点数)来衡量。

4. 位分辨率

位分辨率又称位深，用来衡量每个像素存储的信息位元数，该分辨率决定图像的每个像素中存放的颜色信息，一般常见的有 8 位、16 位、24 位或 32 位色彩。如一个 24 位的 RGB 图像，表示该图像的原色 R、G、B 各用了 8 位，三者共用了 3×8=24 位。而在 RGB 图像中，每个像素都要记录 R、G、B 三原色的信息，所以，每个像素所存储的位元数是 24 位。

2.6 色 彩 设 计

随着社会的发展、生活水平的提高，人们对于美、对于色彩的要求也相应提高。在人机界面设计中，色彩会给人先声夺人的魅力，同一种人机界面设计，色彩设计搭配不同会给人完全不同的视觉感受。如何进行色彩设计将直接影响到人机界面设计的效果，所以色彩设计是人机界面设计的一个关键问题。

2.6.1 色彩的属性

色彩可分为无彩色和有彩色两大类。无彩色是指由黑色、白色及黑白两种颜色混合而成的各种深浅不一的灰色。从物理学角度看，这些颜色不包括在可见光谱中，所以称为无彩色。有彩色指包括在可见光谱中的全部色彩。

有彩色中的任何一种颜色都具有三大属性，即色相、明度和纯度。

色相是颜色的相貌，代表了颜色的种类。亦可以将色相理解为颜色的名称，如红、绿、蓝等。色相只和颜色的波长有关，当一种颜色的其他属性发生改变时，人的视觉感受发生了变化，但由于波长未变，所以色相亦未发生改变。色相通常用度来表示，范围是 0 度～360 度。

明度是指色彩的明暗程度。通常以百分比来表示。黑色为 0，白色为 100%。

纯度是指色彩的饱和程度，也叫"鲜艳度"或"纯净度"，通常用百分比来表示，范围是 0～100%。

色彩的明度能够对纯度产生不可忽视的影响。纯度不够时，色相区分亦不明显。由此可见色彩的 3 个属性互相制约、互相影响。

2.6.2　色彩感觉

人们感受这个世界，通常是通过视觉、触觉、听觉、味觉等方式。大多数人认为其中最有影响力的还是视觉，因为这是人们最直接也是最直观的感觉。人们是通过眼睛来感受这个世界的，视觉效果往往能带给人们很大的冲击力。

色彩对人的头脑和精神的影响力是客观存在的。不同的色彩会给人的生理和心理产生影响，这种影响因人而异，但总体来讲，大多数会有以下心理反应：冷暖、轻重、软硬、前后、大小、华丽质朴、活泼庄重、兴奋沉静等。

1. 色彩的冷暖感

色彩本身并无冷暖的温度差别，是由于色彩引起人们对冷暖感觉的心理联想。当人们见到红、红紫、橙等颜色时，便会联想到太阳、火焰等，从而给人以温暖、热烈等感觉。这种使人感觉到温暖、热烈之类的色彩便为暖色。当人们见到蓝、蓝绿等颜色时，便会联想到冰雪、海洋等，从而给人以寒冷、平静等感觉。这种使人感觉到寒冷、平静之类的色彩便为冷色。

2. 色彩的轻重感

色彩的轻重主要与色彩的明度有关。明度高的色彩使人联想到白云、棉花等，给人以轻柔、飘浮等感觉。明度低的色彩使人联想到大理石、钢铁等，给人以厚重、沉重、稳定的感觉。

3. 色彩的软硬感

色彩的软硬感主要取决于色彩的明度和纯度。一般明度高的色彩给人以软感，明度低的给人以硬感；纯度高的给人以硬感，纯度低的给人以软感。

4. 色彩的前后感

由于不同波长的色彩在人眼视网膜上的成像有前后之分，如红色、橙色等波长长的颜色在后面成像，给人较近的感觉；蓝色、紫色等波长短的颜色则在外侧成像，在同等的距离内给人较后的感觉。

一般暖色、明度高的色彩、纯度高的色彩给人较前的感觉；冷色、明度低的色彩、纯度低的色彩给人较后的感觉。

5. 色彩的大小感

一般暖色、明度高的色彩给人扩大、膨胀的感觉；冷色、明度低的色彩给人缩小、收缩的感觉。

6. 色彩的华丽质朴感

一般纯度高、明度高的色彩给人以华丽感；纯度低、明度低的色彩给人以朴素感。但无论何种色彩，如果带上光泽，都能获得华丽的效果。

7. 色彩的活泼庄重感

一般暖色、高纯度色、丰富多彩色、强对比色感觉跳跃、活泼有朝气；冷色、低纯度色、低明度色感觉庄重、严肃。

8. 色彩的兴奋沉静感

通常暖色、明度高、纯度高的色彩给人以兴奋感；冷色、明度低、纯度低的色彩给人以沉静感。

2.6.3　色彩的联想

当人们看到色彩时，常常会联想起与该色相联系的色彩，这种联想称为色彩的联想。色彩的联想是通过过去的经验、记忆或知识而取得的。

凭借人的感觉和经验，一般会有如下联想。

(1) 红色：联想到火、太阳、血、旗帜等，代表热情、喜庆，给人以热情、愤怒、活力的感觉。

(2) 橙色：联想到灯光、柑橘等，给人以轻快、温馨、时尚的感觉。

(3) 黄色：联想到光、柠檬、黄金、香蕉等，代表了高贵、富有，给人以希望、快乐、智慧的感觉。

(4) 绿色：联想到草地、树叶等，代表植物、生命、生机，给人以宁静、健康、和睦、安全的感觉。

(5) 蓝色：联想到海洋、天空、水等，给人以凉爽、清新的感觉。

(6) 紫色：联想到葡萄、丁香花等，给人以高贵、奢华、神秘的感觉。

(7) 黑色：联想到夜晚、墨、炭、煤等，代表庄严、严肃、夜晚，给人以深沉、悲哀、压抑的感觉。

(8) 白色：联想到白云、面粉、雪等，给人以洁白、纯真、清洁的感觉。

(9) 灰色：联想到乌云、路面等，给人以平凡、温和、中立等感觉。

2.6.4　数字设计中的色彩搭配

色彩的搭配在实际的设计中至关重要,很多时候让设计者非常困惑,尽管使用了很多颜色,但搭配出来的结果却不尽如人意,该醒目的地方不够醒目,该柔和的地方不够柔和。所以色彩搭配便成为色彩构成中的主要研究课题,设计者必须根据自己设计要表达的思想和目的,使用尽可能少的色彩,给人以美的感受。

色彩搭配的配色原则如下。

1. 色相配色

色相配色指具有某种相同性质(冷暖调、明度、艳度)的色彩搭配在一起，色相越全越好，最少也要 3 种色相以上。例如，同等明度的红、黄、蓝搭配在一起。大自然的彩虹就是很好的色相配色。

2. 近似配色

近似配色即选择相邻或相近的色相进行搭配。这种配色因为含有三原色中某一共同的颜色，所以很协调。因为色相接近，所以也比较稳定，如果是单一色相的浓淡搭配，则称为同色系配色有出彩搭配、紫配绿、紫配橙、绿配橙。

3. 渐进配色

渐进配色为按色相、明度、艳度三要素之一的程度高低依次排列颜色，特点是即使色调沉稳，也很醒目，尤其是色相和明度的渐进配色。彩虹既是色相配色，也属于渐进配色。

4. 对比配色

对比配色为用色相、明度或艳度的反差进行搭配，有鲜明的强弱。其中，明度的对比给人明快清晰的印象，可以说只要有明度上的对比，配色就不会太失败。例如，红配绿、黄配紫、蓝配橙。

5. 单重点配色

单重点配色即让两种颜色形成面积的大反差。"万绿丛中一点红"就是一种单重点配色。其实，单重点配色也是一种对比，相当于一种颜色做底色，另一种颜色做图形。

6. 分隔式配色

如果两种颜色比较接近，看上去不分明，可以靠对比色加在这两种颜色之间，增加强度，整体效果就会很协调了。最简单的加入色是无色系的颜色和米色等中性色。

2.6.5　软件色彩设计

计算机操作系统由最初的 DOS，到今天的 Windows 系列，人们越来越关注软件界面的色彩设计，下面以 Windows XP 的一些色彩运用为例，看看软件界面色彩设计的变化带来的视觉效果。

1. 基本色

Windows XP 的基本色主要是蓝色，用户则可以根据需要将 Windows XP 界面的主色调调整为绿色调、银色调等，此时系统界面的基本色随之改变，其余颜色则为辅助色。图 2.3 所示为 Windows XP 默认基本色。

图 2.3　Windows XP 默认基本色

2. 控制色

Windows XP 的控制色也以蓝色或绿色、银色为主色调，其他颜色为辅助色，如图 2.4 所示。

图 2.4　Windows XP 部分控制色

3. 图标颜色

图标在计算机操作系统中起到了非常重要的作用,采用不用颜色的图标可以方便用户区分不同的内容,同时使 XP 系统界面更加生动活泼,如图 2.5 所示。

	R153 G102 B0		R51 G51 B102		R153 G153 B255
	R204 B153 B0		R0 G51 B153		R102 G102 B204
	R255 G204 B0		R0 G102 B204		R153 G153 B204
	R255 G255 B0		R0 G131 B215		R102 G102 B153
	R255 G255 B153		R0 G153 B255		R0 G102 B0
	R255 G219 B157		R62 G154 B222		R0 G153 B0
	R255 G204 B102		R153 G204 B255		R102 G204 B51
	R255 G153 B51		R180 G226 B255		R153 G255 B102
	R255 G121 B75		R222 G255 B255		R204 G255 B204
	R255 G51 B0		R255 G204 B255		
	R153 G0 B0		R204 G204 B255		

图 2.5　Windows XP 图标颜色

4. 窗口框架和任务栏颜色

Windows XP 系统的窗口以及任务栏对于系统起了至关重要的作用,同样,窗口以及任务栏的颜色也反映了系统的主色调。因此,XP 系统中窗口以及任务栏仍以蓝色或绿色、银色为主色调,如图 2.6 所示。

图 2.6　Windows XP 窗口和任务栏颜色

5. 文件夹颜色

文件夹主要用于存放文件或文件夹,用于对系统的资源进行管理,所以文件夹的颜色便于用户对资源的管理,如图 2.7 所示。

图 2.7　Windows XP 文件夹颜色

另外,其他一些软件也越来越重视软件界面的色彩设计。图 2.8 是金山毒霸 2012 和金山词霸 2012 的界面设计。

图 2.8　金山毒霸 2012 和金山词霸 2012 的界面设计

2.6.6　网站色彩设计

色彩是人类视觉最敏感的东西，一个网站设计的成败，在很大程度上取决于色彩运用的优劣。

对于平面设计而言，色彩是"静止"的，色彩的分布是根据固定的信息去编排的，创作好后，作品也就完成了。

对网站来说，信息是"流动"的，页面的信息会"变更"。当网站中的图片信息较多时，图片的色彩将是整个页面的主宰，此时网站的色彩设计将与插入的图片色彩密切相关。即便当前网站已经完成，但由于网站信息的更新，可能会对初始色彩风格产生相应的影响，如果不去调整，将可能会破坏整个网站的风格。

所以，网站设计者越来越追求网站色彩的设计，网站色彩设计便成为网站设计者首先要考虑的问题。如何用最少的图形、动画等多媒体元素与最少的色彩搭配出的设计给人最深刻的印象，给人最强烈的视觉冲击，并且如何通过色彩来体现网站的特色和主题，这些便成了设计者在设计过程中需要思量的。

色彩的美感是在色彩关系基础上表现出的一种总体感觉，色彩搭配应以大众欣赏习惯为标准，同时兼顾网站专业特点和艺术规律，一般应遵循以下原则。

(1) 色彩的合理性：网页的色彩要引人注目，同时还要兼顾人眼的生理特点，不要用大面积的高纯度色相，这样容易使浏览者产生疲劳。

(2) 色彩的艺术性：色彩应服务于网站内容，和网站的特性和主题相适应。

(3) 色彩的独特性：要有与众不同的色彩搭配，以突出网站的个性，使浏览者对网站产生深刻的印象。

(4) 色彩的联想性。不同色彩会产生不同的联想，蓝色想到天空，黑色想到黑夜，红色想到喜庆等，选择色彩要和网页的内涵相关联。

在网站的设计过程，是采用彩色还是采用非彩色呢？专业的研究机构研究表明：彩色的记忆效果是黑白的 3.5 倍。也就是说，在一般情况下，彩色页面较完全黑白页面更加吸引人。

人们通常的做法是：主要内容文字用非彩色(黑色)，边框、背景、图片用彩色。这样页面整体不单调，看主要内容也不会眼花。

1. 非彩色的搭配

黑白是最基本和最简单的搭配，白字黑底、黑底白字都非常清晰明了。灰色是万能色，可以和任何彩色搭配，也可以帮助两种对立的色彩和谐过渡。如果实在找不出合适的色彩，那么用灰色试试，效果绝对不会太差，如图 2.9 所示。

2. 彩色的搭配

色彩千变万化，彩色的搭配是人们研究的重点，这里依然需要进一步学习一些色彩的知识。图 2.10 为图 2.9 的彩色搭配。

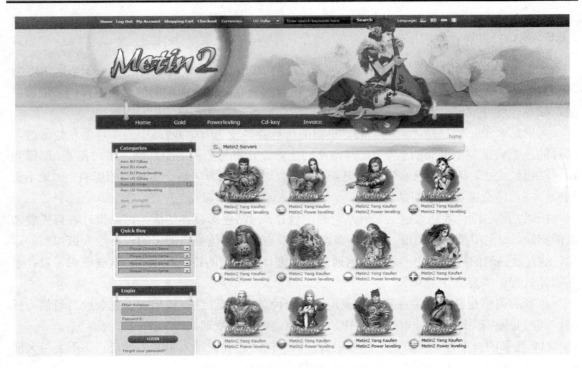

图 2.9 非彩色网页页面设计效果

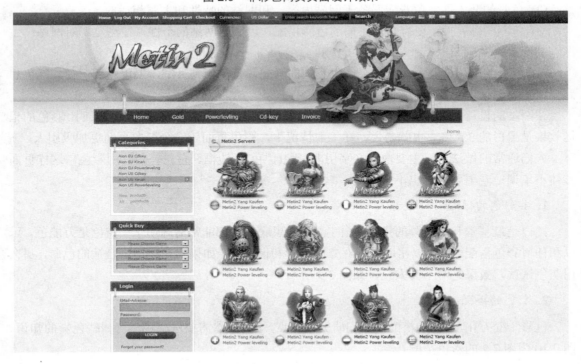

图 2.10 彩色网页页面设计效果

图 2.11 为网页设计师专用色谱的经典色彩搭配大全，读者在进行设计时可参考使用。

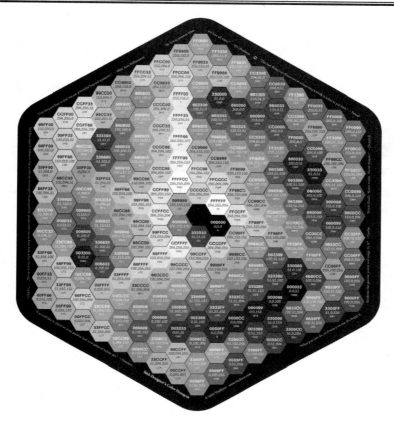

图 2.11　网页经典色彩搭配大全

2.7　实训练习题

一、填空题

1. 色光三原色是指_____、_____、_____这 3 种颜色，色料三原色是指_____、_____、_____3 种颜色。

2. CMYK 模式中的 C、M、Y、K 分别代表_____、_____、_____、_____。

3. 位分辨率又称为_____。

4. 色彩的三大属性分别是_____、_____、_____。

5. 分 辨 率 分 为 _____、_____、_____、_____。

二、选择题

1. 以下选项中哪些是常用的色彩模式？（　　）

A. RGB　　　　　B. CMYK　　　　　C. HSB　　　　　D. Lab

2. 以下选项中哪些不是常用的配色原则？（　　）

A. 色相配色　　　B. 近似配色　　　　C. 对比配色　　　D. 随意配色

3. 明度的取值范围是( )。

   A．0～255   B．0～100   C．0度～100度   D．0%～100%

4. 纯度的取值范围是( )。

   A．0～255   B．0～100   C．0度～100度   D．0%～100%

三、简述题

1. 简述矢量图与位图的特点以及区别。

2. 简述各种色彩模式之间的差别。

3. 简述色彩在软件设计以及网站设计中的作用。

4. 选择一个网页，分析其中的色彩给人的感觉。

第3章 数字人机界面工具

教学目标

  要进行界面创意设计，必须要有适合自己的工具。本章针对在界面设计中使用的常用工具进行介绍。能够使用的工具其实很多，关键在于熟悉掌握的情况，本章选取的 3 个工具分别具有代表性。Adobe Photoshop 是位图图像处理软件方面的大师级工具，与它同出自一个公司的 Adobe Illustrator 是矢量图形处理软件中的佼佼者，最后一个软件 Axialis IconWorkshop 是专门制作图标的软件。如果能够熟练掌握工具的应用，可以帮助设计者提高设计效率，制作出令人满意的作品。

教学要求

知识要点	能力要求	关联知识
Adobe Photoshop CS4 的常用工具	掌握	图形图像基础及色彩设计、位图知识
Adobe Illustrator CS4 的常用工具	掌握	图形图像基础及色彩设计、矢量图知识
Axialis IconWorkshop 6.0 的常用工具	掌握	图形图像基础及色彩设计、图标知识

3.1 Adobe Photoshop CS4 介绍

Photoshop CS4 具有强大的功能，且具有很强的兼容性，既可以运行在 Windows PC 上，也可以运行在 Macintosh 苹果机上。由于 Photoshop 在运行过程中会产生大量的临时信息，需要占用较大的内存和暂存盘空间，因此对内存和硬盘要求较高，在安装盘里最好能空出较多的空间。要使软件运行速度得到提高，还要设置更大的暂存盘。

3.1.1 Photoshop CS4 工作界面

1. 启动 Photoshop CS4

程序安装完成后，会在系统的【开始】菜单中生成启动项，可以直接找到该启动项，单击打开；如果生成有桌面图标，则可以通过双击桌面的 Photoshop CS4 图标进入软件的操作界面，启动界面如图 3.1 所示。

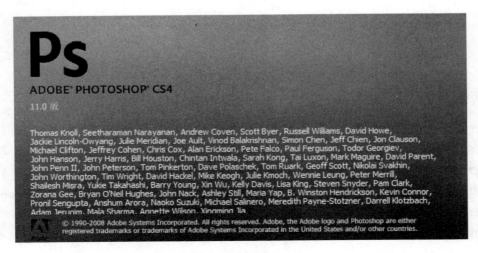

图 3.1 启动界面

2. Photoshop CS4 界面

Photoshop CS4 根据不同的用户，提供了多种使用面板的组合，图 3.2 是基本面板组合界面。根据用户的需要，可以自定义使用界面，以适应用户的习惯。

3. 性能设置

为了使 Photoshop CS4 运行速度更快，用户可以在菜单栏中选择【编辑】|【首选项】|【性能】命令，调出如图 3.3 所示的面板，进行暂存盘的设置，以提高性能。

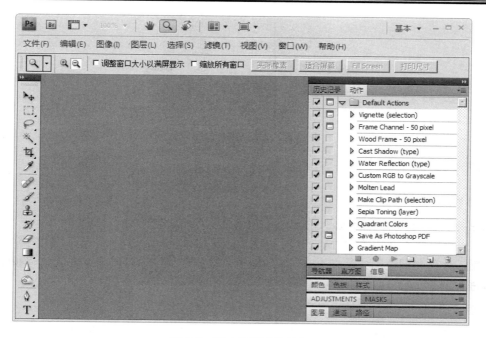

图 3.2　基本视图工作界面

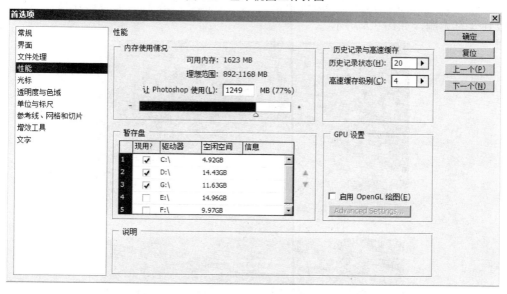

图 3.3　【性能】对话框设置

3.1.2　Photoshop CS4 的四大图像处理功能

1. 图像绘制

图像绘制是图像处理的基础，可以创作图形，也可以使图像作出各种变化，如放大、缩小、旋转、倾斜、镜像、透视等，还可以对图像进行复制、去除斑点、修补、修饰残缺等，如图 3.4 所示。

图 3.4　图像绘制实例

2. 图像上色、调色

上色与调色是 Photoshop 强大的功能之一，可以方便快捷的对图像进行明暗、色调的调整与校正，也可以在不同颜色间进行切换以满足图像在不同领域，如网页设计、印刷等多媒体方面的应用。上色和调色的方法在 Photoshop 中也是多种多样的，可以通过曲线、饱和度、色阶等工具进行调节。

3. 图像合成

图像合成是将几幅图像透过图层操作工具的应用，合成完整的、表达明确意义的图像，这是艺术设计的必经之路。Photoshop 提供的各类工具能让外来的图形与创作很好地融合到一起，做到天衣无缝，如图 3.5 所示。

(a)

图 3.5　素材图、合成图

(b)

图 3.5　素材图、合成图(续)

4. 特效及材质制作

特效制作除了可以在 Photoshop 中创作油画、浮雕、石膏画、水彩等传统美术技巧的效果，还可以由滤镜、通道及各类工具综合完成，包括图像的特效创意和特殊效果的制作，创作具有各类视觉冲击力的效果。通过软件的滤镜，用户还可以制作出丰富的材质图片，以补充设计所需。

3.1.3　必须掌握的 8 种 Photoshop 操作技能

1. 调整图像大小

(1) 改变图像尺寸：打开需要调整大小的图像文件，在【图像】菜单中选择【图像大小】命令，如图 3.6 和图 3.7 所示。

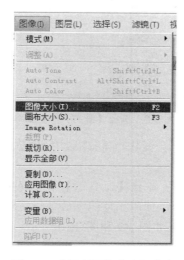

图 3.6　选择【图像大小】命令

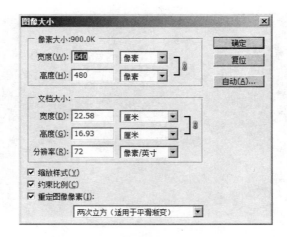

图 3.7 【图像大小】对话框

调整图像大小后，图像会根据所设置的大小进行变换，勾选约束比例可以使图像按比例缩放，不会产生变形。

(2) **改变绘图画面大小**：打开需要调整大小的图像文件，如图 3.8 所示，在【图像】菜单中选择【画布大小】命令。

图 3.8 选择【画布大小】命令

改变画布大小后，图像大小不会变化，画布根据所设置大小进行变换，可以通过文件标题栏观察当前画布缩放显示比例。

(3) **改变视图中的图像的大小**：单击【工具箱】下面的【缩放工具】按钮，在选中缩放工具的状态下，同时按下 Alt 键，可以使用相反的缩放效果。双击【缩放工具】按钮可以返回实际图像尺寸。缩放选项和缩放效果如图 3.9 和图 3.10 所示。

图 3.9 缩放选项

(a)

(b)

图 3.10　缩放效果

2. 使用图层工具

图层是指将不同的操作内容根据内容分别记录的工具。每一个图层都是由许多像素组成的，图层又通过上下叠加的方式来组成整个图像。对于单个的图层及图层内的对象，可以单独进行移动、删除、选择等操作。熟练使用图层工具可以简化工作难度、提高作业效率。

(1) **增加图层：**单击【创建新图层】按钮或按 Ctrl+Shift+N 组合键即可创建新图层，如图 3.11 所示。

图 3.11　创建新图层

(2) **移动图层内对象：**选择需要移动的图层(被选择的图层，会高亮显示)，选择【工具箱】里的【移动工具】命令进行移动。

(3) **复制图层：**选中需要复制的图层，在【图层】面板中右击，在快捷菜单中选择【复制图层】命令；或选中需要复制的图层，拖曳到【图层】面板下方的创建新图层按钮上，即可复制出新层；方法三，选中需要复制的图层，直接按 Ctrl+J 键，即可复制出图层。

(4) **移动图层顺序：**在【图层】面板中，选中需要调整顺序的图层，拖曳到上一图层上边或下一图层下边，即可调整图层顺序。

(5) **删除图层：**选中需要删除的图层，单击【图层】面板右下方的【删除图层】按钮，或直接在键盘上按功能键盘上的 Del 键，即可删除当前图层，如图 3.12 所示。

图 3.12　删除图层

(6) **显示、隐藏图层**：单击【图层】面板中单个图层前的"眼睛"按钮，即可将选定图层显示或隐藏，如图 3.13 所示。

图 3.13　显示图层

(7) **显示图层内的对象区域(载入选择区域)**：在按住 Ctrl 键同时，单击图层面板中需要载入的图层。被载入的区域将会有虚线(蚁行线围绕)，也称为选区，如图 3.14 所示。

图 3.14　选区

(8) **同时选择多个图层**：按住 Ctrl 键同时单击【图层】面板上需要选中的图层，即可不连续的选择多个图层；在当前层上，按住 Shift 键同时单击即将连续选择图层的最后一个图层，可以连续选择多个图层，如图 3.15 所示。

 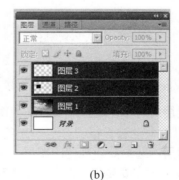

(a)　　　　　　　　　　　　　　　　(b)

图 3.15　选择多个图层

(9) **调整图层透明度**：选中需要调整透明度的图层后，在图层面板右上角调整 Opacity 不透明度选项参数，如图 3.16 所示。

图 3.16　调整图层不透明度

(10) **合并选择多个图层**：在【图层】面板上选中需要进行合并的多个图层，单击右上角的选项按钮，在出现的菜单中选择【合并图层】项；或在图层面板中选择中需要进行合并的多个图层，单击，在弹出的快捷菜单上选择【合并图层】项；方法三，在【图层】面板中选择需要进行合并的多个图层，按 Ctrl+E 组合键，即可合并所选择图层。

(11) **合并全部图层**：在【图层】面板上，单击右上角的选项按钮，在出现的菜单中选择【拼合图层】项；或在【图层】面板中右击，在弹出的快捷菜单上选择【拼合图层】项，即可合并全部图层。

(12) **锁定图层**：被锁定的图层不允许对其图层属性进行编辑，如图 3.17 所示。【锁定透明像素】：不允许在选择的图层透明部分进行任何编辑。【锁定图像像素】：不允许在选择的图层内容区域进行编辑修改。【锁定位置】：不允许移动选中图层中的内容；【锁定全部】：不允许移动所有图层内容。

3. 选择区域

(1) 选择几何图形区域【选框工具】。

① 右击工具箱中【选框工具】按钮，在其中选择选框类型，如图 3.18 所示。

图 3.17　锁定图层　　　　　　　　　　　图 3.18　【选框工具】菜单

② 在图像中拖动鼠标选择区域，如图 3.19 所示。

(2) 自由区域选择【套索工具】：选择不规则形态区域。

① 按工具箱中【套索工具】按钮，打开套索工具类型，如图 3.20 所示。

图 3.19　选框工具示例

图 3.20　【套索工具】菜单

②【套索工具】和【磁性套索工具】是通过在图像画面中拖动鼠标完成区域选取,【多边形套索工具】是在图像图案中单击边界并连接点完成选取区域操作,如图 3.21 所示。

图 3.21　套索工具示例

(3) 选择类似区域【魔棒工具】:在图像中选取颜色相似的区域或封闭的空间。

① 选择【魔棒工具】后在图像中单击所要选择的区域。

② 单击可以选择颜色相似的区域或被封闭空间区域。

(4) 选取周边相似颜色区域(【选择】|【扩大选取】):选取与图像中拾取颜色相似的区域。使用选择工具在图像中拾取参考颜色,如图 3.22 和图 3.23 所示。

图 3.22　选择工具取色

图 3.23　扩大选取

4. 设置选定区域属性

(1) 柔化选定区域的边界线(【选择】|【羽化】):柔化被选取的区域外轮廓线的操作,与【选框工具】或【套索工具】选项中的【羽化】相似。

① 选取需要进行效果处理的区域,在【选择】菜单中选择【修改】|【羽化】命令,打开【羽化选区】对话框,如图 3.24 所示。在对话框中输入柔化参数并单击【确定】按钮。

② 用颜色填充选择区域可以得到边界柔化效果,如图 3.25 所示。

图 3.24　【羽化选区】对话框

图 3.25　羽化后效果

(2) 自由改变选定区域的形状(【编辑】|【自由变换】): 可以通过区域的调锚点对选择区域内容进行放大、缩小、旋转、倾斜等操作, 如图 3.26 所示。

① 等比例缩放: 按住 Shift 键, 可以使变换对象等比例缩放。

② 以对象中心为圆心缩放: 按住 Alt 键同时进行对象缩放调整, 可以使对象以其中心为圆心缩放。

③ 以对象中心为圆心等比例缩放: 按住 Shift+Alt 组合键, 同时对对象进行缩放调整即可。

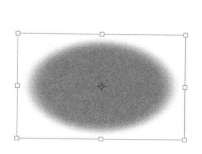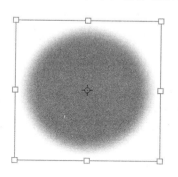

图 3.26　自由变形

5. 编辑图像

复制粘贴选定区域(【编辑】|【拷贝；编辑】|【粘贴】): 从图像中选定区域复制, 并粘贴到其他图像中。

(1) 使用选取工具在图像中选择区域, 在【编辑】菜单中选择【拷贝】命令或按 Ctrl+C 组合键进行区域内容的复制, 如图 3.27 所示。

(2) 选择需要粘贴的图像画面部位。接着在【编辑】菜单中选择【粘贴】命令或使用 Ctrl+V 组合键进行区域内容粘贴, 如图 3.28 所示。

图 3.27　复制　　　　　　　　　　图 3.28　粘贴

6. 精确选定区域(钢笔工具)

要精确选定区域, 需要使用钢笔工具制作轮廓【路径】。使用钢笔工具完成的特征内容不仅精确还容易修整编辑。

利用直线与曲线选择区域(钢笔工具): 使用钢笔工具可以随意绘制由直线或者曲线构成的各种形态的图形。在视图所选择区域中单击可以以直线连接所有单击的点, 当单击并拖动鼠标时可以以曲线连接, 并且当鼠标指针移动到原始开始点时即出现关闭路径提示, 再次单击就可以完成区域轮廓。在初次绘制曲线时不容易达到所需要的效果，多次的练习可以解决这个问题。

（1）单击【钢笔工具】按钮后，在选项栏上选择路径，然后在画布上单击选择区域，如图 3.29 所示。

(a)　　　　　　　　　　　　　　　　　(b)

图 3.29　钢笔工具

（2）单击并拖动绘制曲线，如图 3.30 所示。

（3）依次完成图示形状后，单击原始起点完成封闭轨迹，如图 3.31 所示。

图 3.30　控制钢笔工具　　　　　　　　图 3.31　结束绘制

7. 画笔工具

这里简单介绍使用各种类型画笔工具技巧方法。

(1) 使用画笔工具：画笔工具可以在计算机中模拟各种真实的画笔绘画效果。

① 单击【画笔工具】按钮后，在【画笔】选项中选择画笔类型，如图 3.32 所示。

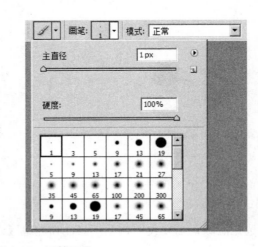

图 3.32　画笔工具

② 在工具箱中单击【前景色】按钮打开如图 3.33 所示的【拾色器】对话框后，在其中选择合适的颜色并单击【确定】按钮。

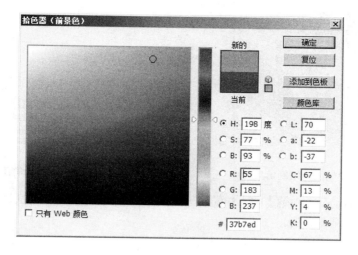

图 3.33　【拾色器】对话框

③ 在空白文件中使用鼠标拖动绘制需要的图像，如图 3.34 所示。

图 3.34　画笔效果

【画笔工具】选项栏如图 3.35 所示。

图 3.35　【画笔工具】选项栏

此栏从左到右依次是：工具预设、画笔预设、绘画模式、设置颜色透明度、设置画笔的受压与画笔浓度的关系、喷枪工具。

(2)【铅笔工具】：可以在计算机中模拟铅笔的绘画效果，特别适合绘制像素图像，如图 3.36 所示。

① 新建一个文件，在工具箱中单击【铅笔工具】按钮，如图 3.37 所示。

图 3.36　铅笔工具绘制像素画

图 3.37　铅笔工具

② 在选项栏中选择【画笔】的下拉菜单后设置线条宽度，或者使用快捷键"["调小笔头，使用快捷键"]"键调大笔头。

8. 色彩工具

色彩工具是用指定颜色填充选区或使用颜色变换效果修饰图像。

(1)【油漆桶工具】：给指定区域填充效果的色彩工具。

① 使用选择工具确定着色区域，在工具箱中单击【前景色】按钮，打开【拾色器】对话框，选择需要填充的颜色，如图 3.38 所示。

图 3.38　【拾色器(前景色)】对话框

② 单击工具箱中的【油漆桶工具】按钮后，在图像中选择颜色填充的区域，单击完成颜色填充，如图 3.39 所示。

(a)　　　　　　　　　　　　　　　　　　(b)

图 3.39　油漆桶工具

(2)【渐变工具】：可以制作自然的颜色过渡效果，如海水的自然颜色变化等。渐变工具可以自定义颜色变化趋势。可以通过工具箱使用渐变工具，它与油漆桶工具都使用快捷键 G，如图 3.40 所示。

图 3.40　【渐变工具】选项栏

①【渐变编辑器】对话框如图 3.41 所示。

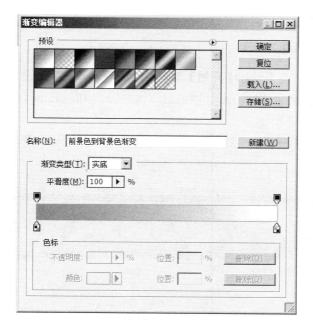

图 3.41　【渐变编辑器】对话框

② 渐变效果如图 3.42 所示。

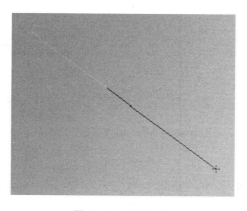

图 3.42　渐变效果

3.2　Adobe Illustrator CS4 介绍

Adobe Illustrator 是全球最著名的图形软件，以其强大的功能和体贴用户的界面；已经占据了全球矢量编辑软件中的大部分份额。无论是生产印刷出版线稿的设计者和专业插画家、进行多媒体图像创作的艺术家，还是互联网或在线内容的制作者，都可以利用 Illustrator 进行设计开发。该软件为线稿提供了无与伦比的精度和控制，非常适合进行广告、排版等的艺术设计。

3.2.1　Illustrator CS4 工作界面

1. 启动 Illustrator CS4

程序安装完成后，会在系统的【开始】菜单中生成启动项，可以通过直接找到该启动项后，单击打开；如果生成有桌面图标，则可以通过双击桌面的 Illustrator CS4 图标进入软件的操作界面。欢迎界面如图 3.43 所示。

图 3.43　Illustrator CS4 欢迎界面

2. Illustrator CS4 工作区

Illustrator CS4 的工作区与 Photoshop CS4 非常相似，如图 3.44 所示，掌握好其中一种软件之后，再学习另外一个软件将会非常容易上手。

图 3.44　工作区

3.2.2　工具箱

Illustrator 的工具箱集中了绝大部分常用的工具，合理地使用这些工具将会使交互设计变得更为方便和快捷，如图 3.45 所示。

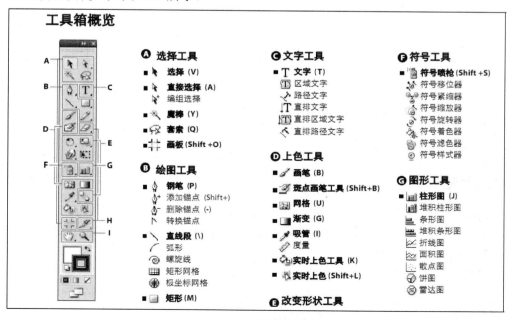

图 3.45　工具箱介绍

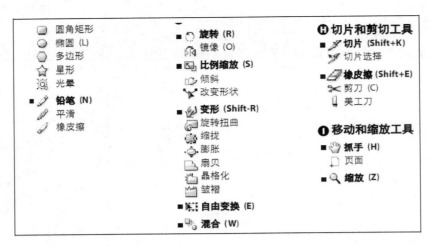

图 3.45　工具箱介绍(续)

3.2.3　在 Illustrator 中创建对象

最常用的 Illustrator 对象使用各种绘图工具创建。这些工具在【工具箱】中的第二组中，位于【选择工具】的下方，包括【钢笔工具】、【文字工具】、【直线段工具】、【矩形工具】、【画笔工具】和【铅笔工具】，如图 3.46 所示。每个工具还包括更多用于创建对象的弹出工具。

使用其中任一工具在工作区创建的线条在 Illustrator 中称作路径，由路径创建出来的图形被视为一种对象。选中一个对象时，它的路径和构成路径的点使用图层颜色突出显示。

图 3.47 为使用钢笔工具所创建的路径。

图 3.46　创建对象工具

图 3.47　钢笔工具

3.2.4　图层的使用

使用图层能够将项目组织为多个便于选择的部分，这是图层的真正优势所在。以前是通过组完成这项任务，但使用组比较麻烦，在组中需要使用【组选择工具】。图层是能够用于组织文档中所有图像和对象的便捷工具。

图层的另一个优势是可以快速将其打开或关闭。如果某一个项目由于大小和内容方面的原因，刷新速度比较慢，那么可以将这些刷新缓慢的部分放在一个图层上并将它们隐藏起来，这样它们就不会影响该项目其余部分的刷新速度了。

可以对图层进行锁定，用户可能希望锁定已完成项目的某些部分，以防止无意中选择或移动它们。可以创建多个图层，在每个图层上进行不同的设计，然后通过使用图层在多个设计之间快速切换。

Illustrator 使用许多附加的图层功能提高扩展了图层的基本功能，这些附加的图层功能包括支持子图层、模板图层、向图层添加项目以及剪切蒙版和不透明蒙版。

通过【图层】面板可以新建图层。在 Illustrator 中创建的所有项目都会默认包含一个名称为"图层 1"的图层。在文档中新添加图层的默认名称为"图层 2"。双击某图层将打开【图层选项】对话框，可以在其中重命名图层及设置图层属性，如图 3.48 所示。

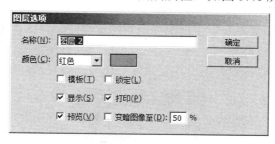

图 3.48　【图层选项】对话框

在【图层】面板中可以看到几种图标，它们用于确定所选图层的可见性、是否锁定、是否选定或是否为当前绘制图层。图层名称左侧第一列中的"眼睛"图标用于确定图层的可见性，图层名称左侧第二列中的"锁形"图标用于确定图层是否锁定，如图 3.49 所示。

图 3.49　【图层】面板

出现在图层名称右侧的其他图标用于指示当前绘制图层和图层上的任何选定对象。当前绘制图层是突出显示的。

Illustrator 中的图层能够保存外观属性，可以在不同的图层之间选定并移动这些属性，也可以通过【图层样式】面板直接向目标图层应用图形样式。Illustrator 的【图层】面板还提供创建剪切蒙版的简单方式。

1. 创建图层

如图 3.50 所示，要创建新图层，可以选择【新建图层】面板菜单命令或单击【图层】面板底部的【创建新图层】按钮。如果选择菜单命令，将打开【图层选项】对话框。可以在对话框中命名新图层、为图层选择颜色，以及指定几种图层属性。单击【创建新图层】按钮将使用默认值创建新图层，不会打开【图层选项】对话框。如果想在【图层】面板中创建时打开【图层选项】对话框，可以按住 Alt 键并单击。

图 3.50　创建图层

2. 调整图层顺序

【图层】面板中图层的顺序决定了页面上对象的重叠顺序，排在【图层】面板顶部图层上的对象会在文档中所有其他对象的上面。可以通过选定并上下拖动图层重新排列图层的顺序。再将拖放的图层放到目标位置时，两个图层之间会出现一条黑线，如图 3.51 所示。

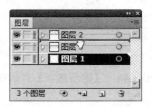

图 3.51　调整图层顺序

3. 复制图层

可以通过将要复制的图层拖到面板底部的【创建新图层】按钮上来复制图层。复制图层的名称中除多出"复制"两字外，其他名称部分与原图层名称相同。如果原图层名称为"图层 1"，那么复制出来的图层名就为"图层 1_复制"。再次复制该图层，则所生成图层的名称为"图层 1_复制_2"。

4. 删除图层

可以使用【图层】面板上的【删除】按钮，删除选定的图层，如图 3.52 所示。

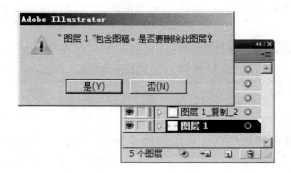

图 3.52　删除图层

5. 使用子图层

所有包含对象的图层在其图层名称的左侧都有一个小箭头。单击该箭头的方向，扩展图层显示其所有子图层或对象。单击展开的箭头将再次折叠图层。如果在按住 Alt 键时单击箭头，则会展开选定图层所包含的所有子图层。

在【图层】面板底部单击【创建新子图层】按钮，可以像创建新图层一样创建新子图层。选择此命令或在按住 Alt 键时单击【创建新子图层】按钮，将显示【图层选项】对话框。

3.2.5　钢笔工具的使用

可以使用【钢笔工具】绘制出几条连接的线条，方法是在起始点单击，然后继续选择第二个需要单击的位置再单击，以此类推，即可绘制出连接的线条，如图 3.53 所示。

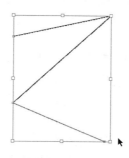

图 3.53　绘制折线

当使用【钢笔工具】单击创建一个锚点时，可以拖动创建与曲线相切的控制柄线。在线条的每个端点都有调整该点线条弯曲度的方向，调整时拖动这些方向点即可，如图 3.54 所示。

图 3.54　绘制曲线

【钢笔工具】的基本操作还包括以下几方面。

(1) 结束路径：创建最后一个锚点后，按住 Ctrl 键并单击可以结束路径，还可以通过选择锚点工具结束路径。如果在单击最后一个锚点之前按 Ctrl 键，则会显示【选择工具】。

(2) 创建封闭对象：第一个锚点和最后一个锚点是相同的。在第一个锚点上定位最后一个锚点，直到光标右下方显示一个小圆圈，然后单击它。

(3) 在路径上添加、删除和转换锚点：通过选择【添加锚点工具】或【删除锚点工具】命令可以执行这些任务。另一个弹出工具是【转换锚点工具】，在不使用任何控制柄的情况下，可以将点更改为平滑的曲线点，只需要单击该点，并拖出控制柄即可。单击锚点时，此工具还可以将平滑的锚点更改为没有控制柄的角点。按住 Alt 键可以将指针更改为【转换锚点工具】。

(4) 在路径上添加或删除锚点：选择【钢笔工具】命令，在选中的路径上方移动鼠标，将鼠标放在路径上，光标右下角会显示一个小加号；将鼠标放在需要删除的点上，光标右下方会显示一个小减号，如图 3.55 所示。

图 3.55　添加或删除节点

使用【钢笔工具】进行图形对象绘制的步骤如下。

(1) 创建新的 Illustrator 文档。选择【文件】|【新建】命令，或按 Ctrl+N 键，创建新的文档。

(2) 启用对齐网格。选择【视图】|【显示网格】命令显示网格。然后选择【视图】→【对齐网格】命令，此操作将启动对齐，这样所有的点都将与可视网格对齐。

(3) 绘制直线。选择【工具箱】|【钢笔工具】命令，在画布上单击【钢笔工具】按钮数次，每次单击时可以创建一个锚点。

(4) 封闭形状。要封闭形状，可以移动鼠标到对象的第一个锚点上，然后单击。当鼠标移动到第一个锚点上方时，光标右下角会显示一个小圆圈，单击即可封闭形状。

(5) 绘制曲线段。选择【钢笔工具】命令，单击该工具在第一个形状下方创建相同的形状，但是在单击每个点后，释放鼠标按钮，可以通过拖动从该点拉出控制柄。通过控制柄可以调整拐点的曲率。继续在形状的周围单击，直到形状封闭。

(6) 编辑路径点。选择【直接选择工具】命令，并在每个锚点上拖动，跨过锚点会突出显示。拖动方向点，使之类似于对应的拐角，从而使对象变得对称，如图 3.56 所示。

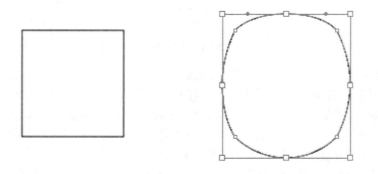

图 3.56　编辑路径点

3.3　Axialis IconWorkshop 6.0 介绍

不论是电脑操作系统还是手持设备的系统，都离不开绚丽的图标界面。人们除了体验系统本身带来的功能之外，还根据自己的喜好随时随地更换皮肤使自己的电子设备更加个性化。图标作为可视操作系统的重要元素，成为人们选择产品的重要标准。通过图标，使用者可以执行一段命令或打开某种类型的文档，所做的操作只是在图标上单击或双击一下。

微软公司从 Windows XP 系统开始进行的改进之一就是其绚丽多彩的图标。但这些图标采用了真彩、半透明等特殊效果，所以一般的图标、图像编辑软件都不能很方便地编辑它们。如今 Axialis IconWorkshop 的推出解决了这一难题。这一全功能图标编辑软件除了可以让设计者自由编辑创作各种系统图标外，还可以在各种图标文件间互相转换。具体来说，它具备的功能包括集成式单窗口操作界面，支持所有格式的 Windows 图标文件的全功能编辑，提供 XP Alpha 通道支持，支持 Photoshop、PNG、BMP、ICL、Macintosh 图标等常用格式文件的导入、导出、转换，各种内建图标特效，从单一文件一次性导出多种格式图标，内建强力搜索引擎，对程序或 DLL 文件中图标的编辑功能等。

3.3.1　Axialis IconWorkshop 6.0 工作界面

Axialis IconWorkshop 具有人性化的编辑功能：选择最右边的工具区进行描绘，用法基本和 Windows 自带的画图工具相同，简单易用；即时预览功能，在处理图标的同时，中心区域就能显示出完成之后的样子，可以随意改变图标的大小、颜色等，根据设计者的想象创造出个性十足的系统图标；各种内建图标特效，设计者可以在界面左边的管理库里选择一个喜欢的图标，对其进行相应的修改或创作 Axialis IconWorkshop 工作界面如图 3.57 所示。

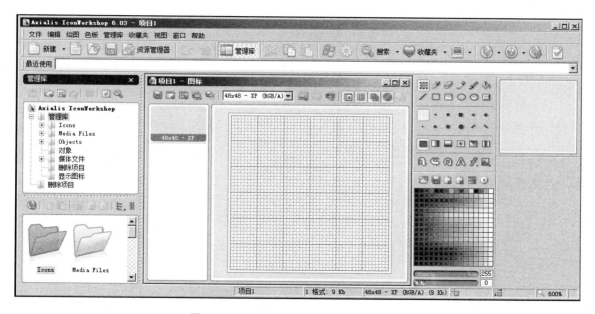

图 3.57　Axialis IconWorkshop 工作界面

3.3.2　IconWorkshop 6.0 管理库

管理库是 IconWorkshop 提供的非常方便的一个功能，设计者可以通过管理库编辑、管理和查找所有图标，并能快速创建图标库。每一个图标库可以存放多个不同的图标，方便设计人员的使用，如图 3.58 所示。

图 3.58　管理库

　　单击管理库中已存在的图标库，可以快速打开，并能根据已有库，迅速修改生成新的图片，使得设计者可以利用多种图标资源进行图标的设计和创意，如图 3.59 所示。

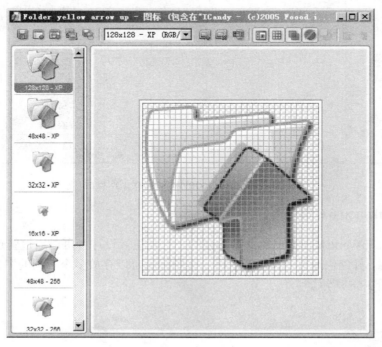

图 3.59　生成图标

3.3.3　新建图标项目

　　IconWorkshop 可以创建 Windows 操作系统适用图标或 Mac 系统适用图标，通过不同的图标方案选择，可以将图标输出，使用在不同的操作系统中。【新建图标方案】对话框，如图 3.60 所示。选择好创建图标方案后，可以对所使用图标的具体方案进行设置，如图 3.61 所示。

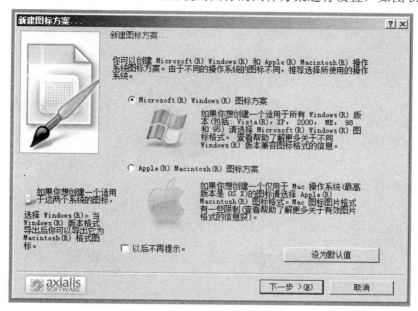

图 3.60　【新建图标方案】对话框

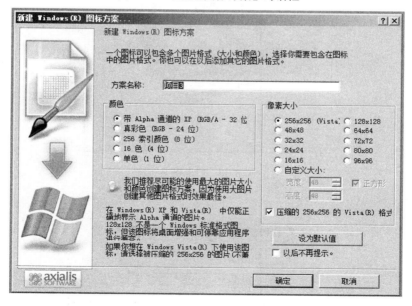

图 3.61　填写方案

3.3.4　导入图片生成图标

Axialis IconWorkshop 可以将 BMP、JPG、PNG、PSD 等多种图像导入、编辑并生成图标文件。这里推荐使用 PNG 或 PSD 图像制作图标，因为这两种格式支持透明通道，可以做出很炫的个性图标。

(1) 准备一张透明的 PNG 图片，如图 3.62 所示。

图 3.62　准备的透明图片

(2) 在 Axialis IconWorkshop 打开此图，如图 3.63 所示。

图 3.63　打开图片

(3) 由图片创建 Windows 图标，操作步骤及参数选取如图 3.64 所示。

(a)

图 3.64　生成图标

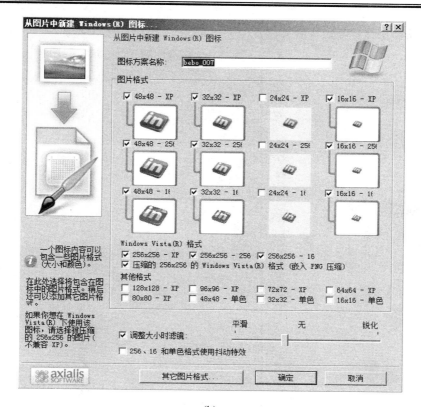

(b)

(c)

图 3.64　生成图标(续)

(4) 保存图标文件，操作步骤如图 3.65 所示。

(a)

(b)

图 3.65　保存图标

3.3.5　更换桌面图标

(1) 保存出来的图标文件类型为.ico，下面将使用设计好的图标将已有的桌面图标进行替换。右击需要替换的桌面图标，如图 3.66 所示，在弹出的菜单中选择【属性】命令。

(2) 如图 3.67 所示，在弹出的【属性】对话框中单击【更改图标】按钮。

图 3.66　更换桌面图标

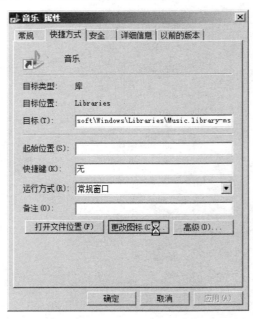

图 3.67　【属性】对话框

(3) 如图 3.68 所示，在弹出的【更改图标】对话框中单击【浏览】按钮。

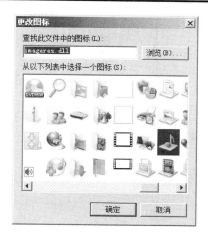

图 3.68 【更改图标】对话框

(4) 如图 3.69 所示，通过浏览文件，找到保存的图标文件的位置，选择后单击【打开】按钮。

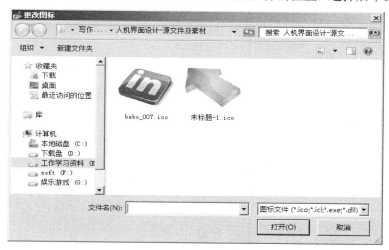

图 3.69 浏览文件

改换后的桌面图标如图 3.70 所示，通过 Axialis IconWorkshop，现在就可以去制作一款个性的图标来装点桌面了。

图 3.70 完成后的效果

3.4　实训练习题

一、填空题

1. Adobe Photoshop 软件不仅有强大的_____图处理功能，也能制作_____图形。

2. _____、_____、_____和_____是 Photoshop 的四大图像处理功能。

3. _____是一款矢量处理软件，除了有对象之外，还有图层。

4. Axialis IconWorkshop 可以将已有的图片导出为_____，也能直接创作。

二、问答题

1. Adobe Photoshop CS4 是一款什么类型的软件？请简单描述一下该软件的功能。

2. Adobe Illustrator CS4 是一款什么类型的软件？请简单描述一下该软件的功能。

3. 通过对软件的操作，请比较一下 Adobe Photoshop CS4 与 Adobe Illustrator CS4 两款软件的异同。简单描述一下两款软件适用的环境。

4. 什么是图标？如果可以，请自行创作一个图标，并将其应用到桌面上。

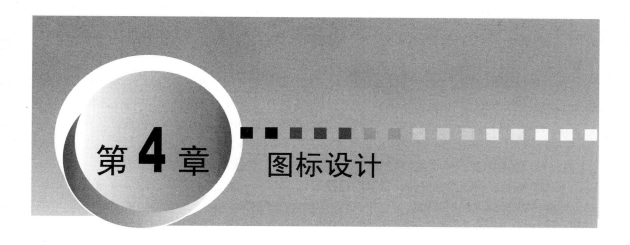

第4章 图标设计

 教学目标

通过前面一系列的基础知识、工具介绍和实践操作，用户应该能够较为熟练地运用软件设计出符合要求的图标了。本章重点介绍常见的图标、图标设计的基本原则等知识，要求用户以这些知识为向导，设计出满足要求的图标。

 教学要求

知识要点	能力要求	关联知识
掌握图标的常见分类	掌握	应用程序图标、命令图标、窗口控制图标等
理解图标设计的原则	理解	易识别性、差异性、一致性、适当性、数量控制
掌握如同利用相关软件制作图标	掌握	制作 QQ 图标、金鱼图标、日历板图标
掌握如同将制作好的图标设置为桌面图标	掌握	利用软件 Axialis IconWorkshop 将制作好的图标设置为桌面图标

4.1 图标相关知识

图标是具有明确指代含义的计算机图形。其中，桌面图标是软件标识，界面中的图标是功能标识。图标分为广义和狭义两种。广义的图标是指具有指代意义的图形符号，具有高度浓缩并快捷传达信息、便于记忆的特性，应用范围很广，在软硬件、网页、社交场所、公共场合中无处不在，如男女厕所标志和各种交通标志等。狭义的图标是指计算机软件方面的应用，包括程序标识、数据标识、命令选择、模式信号或切换开关、状态指示等。

一个图标是一个图形图像，一个小的图片或对象代表一个文件、程序、网页或命令。图标可以帮助用户执行命令和快速地打开程序文件。使用一个图标即执行一个命令，单击或双击该图标即可。

图标有一套标准的大小和属性格式，且通常是小尺寸的。每个图标都含有多张相同显示内容的图片，每一张图片具有不同的尺寸和发色数。一个图标就是一套相似的图片，每一张图片有不同的格式。从这一点上可以说图标是三维的。图标还有另一个特性：它含有透明区域，在透明区域内可以透出图标下的桌面背景。

本章所涉及的图标均指狭义的图标，主要以计算机中的软件图标为主。

4.1.1 图标的分类

随着计算机中软件种类的增多，图标的类型也越来越丰富，大体可归纳为以下几类。

1. 应用程序图标

桌面上除了系统图标以外的图标都是应用程序图标，是另外装的，带有小箭头，包括 Word、Excel、媒体播放器、游戏、各种应用软件等。不同的程序，包括安装程序的图标都不相同。例如，驱动程序和其他安装程序的图标就不一样，这也是识别程序类型的一个标志，如图 4.1 所示。

Photoshop　　腾讯QQ　　Dreamweaver　　QQ旋风
CS3　　　　　　　　　　　CS3

图 4.1　应用程序图标

2. 命令图标

在图形界面中，可以通过双击命令图标来完成相关操作，如关闭窗口图标、退出程序图标等，如图 4.2 所示。

图 4.2　命令图标

3. 窗口控制图标

在图形界面中,很多软件的图形界面可以通过窗口标题栏上的小图标来控制窗口的显示状态。例如 Word 字处理软件中，通过单击标题栏左上角的 Word 小图标可以控制窗口的还原、关闭、最小化等，如图 4.3 所示。

图 4.3　窗口控制图标

4. 进度指示图标

进度指示图标即通过图标的变化来表现相对于目标的进度变化，如图 4.4 所示。

图 4.4　进度指示图标

5. 状态指示图标

状态指示图标即通过图标颜色及图案的变化来表现不同的状态，如图 4.5 所示。

图 4.5　状态指示图标

6. 活动图标

活动图标的主要作用是告知用户该软件是否处于运行状态，如图 4.6 所示。

图 4.6　活动图标

7. 网页图标

可爱的网页图标可以给人们的设计工作增加亮点。网页图标设计已经发展成为一个巨大的产业，因为它们能给设计带来很多优势。它们为标题添加视觉引导，不仅可用作按钮，也可用于分隔页面，还可用于页面的整体修饰，从而使网站显得更专业并能增强网站的交互性，如图4.7 所示。

图 4.7　网页图标

注：图片来自于网络。

4.1.2 图标设计的原则

1. 易识别

所谓易识别，意思是说看到图标便能大体想象到该图标的功能，这是图标设计的灵魂。例如交通标志，如图 4.8 所示。

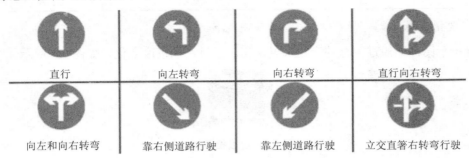

图 4.8　交通标志

2. 差异性

当图标集中时，各个图标之间应当是有区别的，用户应当一眼便能看出差别。例如用友致远办公管理系统中协同工作的图标，如图 4.9 所示。

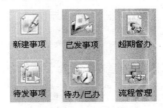

图 4.9　协同工作图标

3. 一致性

这里所提到的一致性是指图标含义的一致性，同样的图标在系统的不同模块中应当保持含义的一致性，并且还应当尽量与系统的风格保持一致，如图 4.10 所示。

图 4.10　常见软件图标

4. 适当性

这里所提到的适当性是指图标尺寸要适当。为了满足不同用户在不同场合的需要，通常在制作图标的时候，将表现相同内容的图标制作成几种不同的尺寸。例如，Windows XP 系统图标的大小有 4 种类型：48×48 像素、32×32 像素、24×24 像素、16×16 像素，如图 4.11 所示。

图 4.11　我的电脑图标

5. 控制图标内物体数量

通常为了更清楚地说明图标的含义，会在一个图标里包含几个相关的物体。但是对于物体的数量通常应当控制在 3 种以下。

4.2 制作 QQ 头像

(1) 使用的软件：Photoshop CS4。

(2) 主要使用的工具：椭圆选框工具、渐变工具、钢笔工具、图层样式(斜面和浮雕、投影、描边)。

4.2.1 使用工具介绍

1. 椭圆选框工具

功能：用于创建椭圆或正圆形的选区。

使用方法：用户选择【椭圆选框工具】命令之后，只需要按住鼠标左键拖动即可绘制一个椭圆形的选区；在拖动鼠标的同时按 Shift 键即可绘制一个正圆形的选区；按 Alt 键同时按住鼠标左键拖动可绘制一个以某一点为中心的椭圆；同时按 Alt+Shift 组合键，再按住鼠标左键拖动可绘制一个以某一点为圆心的正圆选区。

2. 渐变工具

功能：用于产生逐渐变化的色彩，从而使颜色的过渡变得柔和。

使用方法：设置好相应的颜色，按住鼠标左键沿渐变的方向拖动鼠标即可完成渐变颜色的填充。

渐变类型：线性渐变、径向渐变、角度渐变、对称渐变和菱形渐变，其渐变效果如图 4.12 所示。

图 4.12　渐变效果

3. 钢笔工具

功能：最基本的路径绘制工具，利用它可以绘制直线或曲线路径。

使用方法：选择【钢笔工具】命令，通过单击可以创建路径，结合【路径选择工具】和【直接选择工具】命令可将路径进行变形，从而得到自己需要的图形及选区。

利用【钢笔工具】可得到如图 4.13 所示的形状。

图 4.13　钢笔工具绘制的路径

4. 图层样式(斜面和浮雕、投影、描边)

功能：斜面和浮雕用于为图层内容添加立体效果，有外斜面、内斜面、浮雕效果、枕状浮雕和描边浮雕这 5 种样式。投影用于为图层内容创建投影效果。描边用于为图层内容描边。其效果如图 4.14 所示。

使用方法：选择需要添加相应样式的图层，选择【图层】|【图层样式】|【斜面和浮雕】|【投影】|【描边】命令，此时弹出【图层样式】对话框，用户根据需要进行相应参数的设置即可。

图 4.14　图层样式效果

4.2.2　制作过程

本实例最终效果如图 4.15 所示。

图 4.15　QQ 图标效果图

1. 新建文件

打开 Photoshop CS4 软件，选择【文件】|【新建】命令，新建页面。QQ 的大小为 800×800 像素(宽×高)，分辨率为 72 像素/英寸，颜色模式为 "RGB 颜色"。设置如图 4.16 所示。

2. 绘制 QQ 的头部

新建图层，将图层重命名为"头"，选择【椭圆选框工具】命令，绘制一个椭圆，并填充黑色，效果如图 4.17 所示。

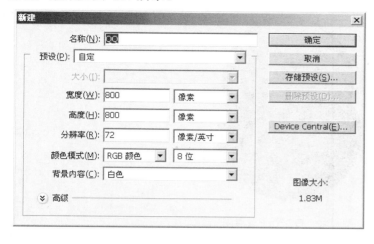

图 4.16　【新建】对话框 1

图 4.17　QQ 头部效果图

3. 为 QQ 头部添加高光

新建图层，将图层重命名为"头部高光"，选择【椭圆选框工具】命令，绘制一个椭圆，将【前景色】设置为白色，进入【渐变编辑器】窗口，选择"前景色到透明渐变"，从左上角向右下角为椭圆添加白色到透明色的线性渐变，参数设置及设置完成后的效果如图 4.18 所示。

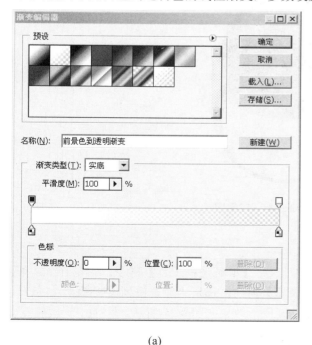

(a)

(b)

图 4.18　参数设置以及设置完成后的效果 1

4. 绘制 QQ 的肚子

在 QQ 头部图层的下面新建图层，将图层重命名为"肚子"，选择【椭圆选框工具】命令，绘制一个椭圆，并填充黑色，效果如图 4.19 所示。

图 4.19　QQ 肚子效果图

5. 绘制 QQ 的白肚子

在 QQ 头部高光图层上新建图层，将图层重命名为"白肚子"，选择【椭圆选框工具】命令，绘制一个椭圆，并填充白色。再选择【椭圆选框工具】命令，在该椭圆上绘制一个椭圆，删除选中的部分，效果如图 4.20 所示。

图 4.20　QQ 白肚子效果图

6. 绘制 QQ 的白肚子阴影

新建图层，将图层重命名为"肚子阴影"，选择【椭圆选框工具】命令，绘制一个椭圆，将【前景色】设置为#cacaca，进入【渐变编辑器】窗口，选择"前景色到透明渐变"，从右下角向左上角为椭圆添加浅灰色到透明色的线性渐变，效果如图 4.21 所示。

图 4.21　QQ 白肚子阴影效果图

7. 绘制 QQ 的左手

新建图层，将图层重命名为"左手"，选择【椭圆选框工具】命令，绘制一个椭圆，并填充黑色，按 Ctrl+T 组合键，出现变换工具后，将椭圆进行旋转，按 Enter 键确认变换，效果如图 4.22 所示。

图 4.22　QQ 左手效果图

8. 绘制 QQ 的左手高光

(1) 新建图层，将图层重命名为"左手高光"，按住 Ctrl 键单击"左手"图层缩览图，载入左手图层的选区，选择【选择】|【修改】|【收缩】命令，将选区收缩 2 个像素，参数设置如图 4.23 所示。

图 4.23　【收缩选区】对话框 1

(2) 单击【确定】按钮回到图层，从左向右为"左手高光"添加白色到透明色的线性渐变，按 Ctrl+E 组合键，将"左手高光"图层向下合并到"左手"图层，效果如图 4.24 所示。

图 4.24　QQ 左手高光效果图

9. 绘制 QQ 的右手

复制"左手"图层，得到"左手副本"图层，将图层重命名为"右手"，选择【编辑】|【变换】|【水平翻转】命令，再选择移动工具将右手移动到对应的位置，效果如图 4.25 所示。

图 4.25　QQ 右手效果图

10. 绘制 QQ 的左眼

(1) 新建图层，将图层重命名为"左眼"，选择【椭圆选框工具】命令，绘制一个椭圆，填充白色，并将其移动到适当的位置，效果如图 4.26 所示。

(2) 新建图层，将图层重命名为"左眼眼珠"，选择【椭圆选框工具】命令，绘制一个椭圆，填充黑色，并将其移动到适当的位置，效果如图 4.27 所示。

图 4.26　QQ 左眼效果图 1

图 4.27　QQ 左眼效果图 2

(3) 新建图层，将图层重命名为"左眼高光"，选择【椭圆选框工具】命令，绘制两个不同大小的椭圆，填充白色，并将其移动到适当的位置，效果如图 4.28 所示。

图 4.28　QQ 左眼最终效果图

11. 绘制 QQ 的右眼

(1) 复制"左眼"图层,得到"左眼副本"图层,将图层重命名为"右眼",选择【编辑】|
【变换】|【水平翻转】命令,再选择移动工具将右眼移动到对应的位置,效果如图 4.29 所示。

图 4.29　QQ 右眼效果图 1

(2) 新建图层,将图层重命名为"右眼眼珠",选择【椭圆选框工具】命令,绘制一个椭
圆,选择【编辑】|【描边】命令,为该椭圆描边 8px,按 Ctrl+D 组合键取消选择,设置如图
4.30 所示。

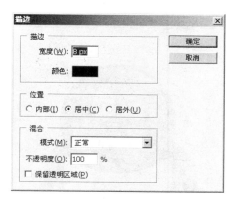

图 4.30　【描边】对话框

(3) 选择【矩形选框工具】命令,绘制一个矩形,选中椭圆下半部分,按 Delete 键删除,
然后按 Ctrl+D 组合键取消选择,效果如图 4.31 所示。

图 4.31　QQ 右眼效果图 2

12. 为右眼眼珠添加图层样式

选择"右眼眼珠"图层，选择【图层】|【图层样式】|【斜面和浮雕】命令，参数设置及设置完成后的效果如图 4.32 所示。

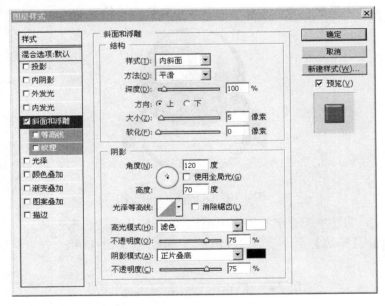

(a)

(b)

图 4.32　参数设置及设置完成后的效果 2

13. 绘制 QQ 的嘴

(1) 新建图层，将图层重命名为"嘴"，选择【椭圆选框工具】命令，绘制一个椭圆。再选择【选择】|【变换选区】命令，进入"变形模式"对椭圆选区进行变形，并为选区填充颜色#f99d02，效果如图 4.33 所示。

图 4.33　QQ 嘴效果图 1

(2) 新建图层，将图层重命名为"嘴形"，利用选区的减法，绘制一个月牙形状的选区，填充黑色，选择移动工具将该形状移动到适当的位置，效果如图 4.34 所示。

图 4.34　QQ 嘴效果图 2

14. 为 QQ 的嘴添加高光

新建图层，将图层重命名为"嘴高光"，选择【椭圆选框工具】命令，绘制一个椭圆，填充颜色#fcff09，选择移动工具将其移动到适当的位置。再选择【滤镜】|【模糊】|【高斯模糊】命令，将椭圆高斯模糊 22.0 像素，参数设置及设置完成后的效果如图 4.35 所示。

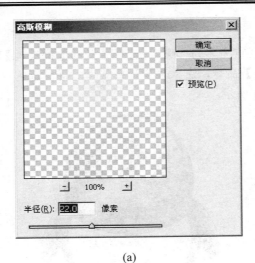

(a)

(b)

图 4.35　参数设置及设置完成后的效果 3

15. 绘制 QQ 的左脚

(1) 在"肚子"图层下新建图层，将图层重命名为"左脚底"，选择【椭圆选框工具】命令，绘制一个椭圆，填充颜色#a03c0b，选择移动工具将其移动到适当的位置，效果如图 4.36 所示。

图 4.36　QQ 左脚效果图 1

(2) 新建图层，将图层重命名为"左脚"，按住 Ctrl 键单击"左脚底"图层缩览图，载入

左脚底图层的选区，选择【选择】|【修改】|【收缩】命令，将选区收缩 2 个像素，参数设置如图 4.37 所示。

图 4.37　【收缩选区】对话框 2

(3) 单击【确定】按钮回到图层，将选区填充颜色# f67a05，效果如图 4.38 所示。

图 4.38　QQ 左脚效果图 2

16. 为 QQ 的左脚添加高光

(1) 新建图层，将图层重命名为"左脚高光"，按住 Ctrl 键单击"左脚"图层缩览图，载入左脚图层的选区，选择【选择】|【修改】|【收缩】命令，将选区收缩 4 个像素，参数设置如图 4.39 所示。

图 4.39　【收缩选区】对话框 3

(2) 单击【确定】按钮回到图层，将【前景色】设置为#f0ff00，进入【渐变编辑器】窗口，选择"前景色到透明渐变"，从左向右为椭圆添加线性渐变，按两次 Ctrl+E 组合键，将"左脚高光"图层以及"左脚"图层向下合并到"左脚底"图层，将图层重命名为"左脚"，效果如图 4.40 所示。

图 4.40　QQ 左脚最终效果图

17. 绘制 QQ 的右脚

复制"左脚"图层，得到"左脚副本"图层，将图层重命名为"右脚"，选择【编辑】|
【变换】|【水平翻转】命令，再选择移动工具将右脚移动到对应的位置，效果如图 4.41 所示。

图 4.41　QQ 右脚效果图

18. 绘制 QQ 的围巾

新建图层，将图层重命名为"围巾"，选择【钢笔工具】命令，结合【转换点工具】、【路
径选择工具】和【直接选择工具】命令绘制路径，参数设置及路径效果如图 4.42 所示。

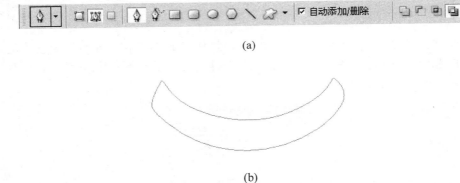

(a)

(b)

图 4.42　参数设置及路径图 1

按 Ctrl+Enter 组合键将路径转换为选区，填充颜色# ff0000，效果如图 4.43 所示。

图 4.43　QQ 围巾效果图

19. 为 QQ 围巾添加图层样式

选择"围巾"图层，选择【图层】|【图层样式】|【斜面和浮雕】命令，参数设置及设置完成后的效果如图 4.44 所示。

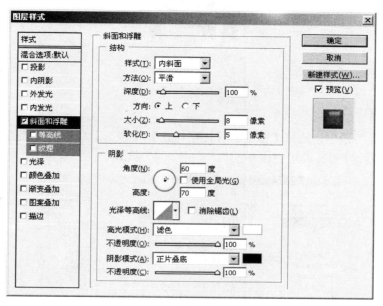

(a)

(b)

图 4.44　参数设置及设置完成后的效果 4

20. 绘制 QQ 的围巾坠

新建图层，将图层重命名为"围巾坠"，选择【钢笔工具】命令，结合【转换点工具】、【路径选择工具】和【直接选择工具】命令绘制路径，参数设置及路径效果如图 4.45 所示。

(a)

(b)

图 4.45　参数设置及路径图 2

按 Ctrl+Enter 组合键将路径转换为选区，填充颜色# ff0000，效果如图 4.46 所示。

图 4.46　QQ 围巾坠效果图

21. 为 QQ 围巾添加图层样式

选择"围巾坠"图层，选择【图层】|【图层样式】|【投影】命令及【图层】|【图层样式】|【描边】命令，参数设置及设置完成后的效果如图 4.47 所示。

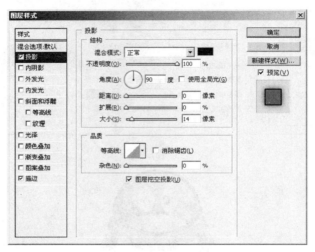

(a)

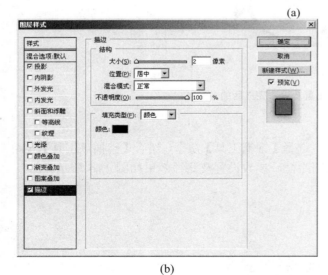

(b)

(c)

图 4.47　参数设置及设置完成后的效果 5

至此便完成了 QQ 的制作，用户可根据需要对图像背景等进行进一步的修饰。

4.3　制作小金鱼

(1) 使用的软件：Photoshop CS4。

(2) 主要使用的工具：钢笔工具、填充工具、渐变工具、画笔工具。

4.3.1　设计思想

本实例首先利用【钢笔工具】绘制出金鱼的身体外形及身体的高光和阴影；再利用【钢笔工具】绘制出金鱼的纹理及纹理对应的高光和阴影；最后再绘制金鱼的眼睛，通过不同的高光和阴影来体现金鱼的质感。

4.3.2　制作过程

本实例最终效果如图 4.48 所示。

图 4.48　小金鱼效果图

1. 新建文件

打开 Photoshop CS4 软件，选择【文件】|【新建】命令，新建页面。金鱼的大小为 512×512 像素(宽×高)，分辨率为 72 像素/英寸，颜色模式为"RGB 颜色"。设置如图 4.49 所示。

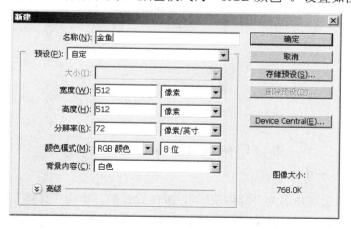

图 4.49　【新建】对话框

2. 绘制金鱼的身体

新建图层，将图层重命名为"身体"，选择【钢笔工具】命令，选择【转换点工具】|【路径选择工具】|【直接选择工具】命令绘制路径，参数设置及路径效果如图 4.50 所示。

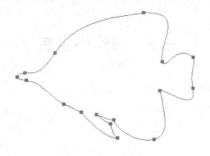

图 4.50　路径图 1

按 Ctrl+Enter 组合键将路径转换为选区，填充白色，再选择【编辑】|【描边】命令，描边颜色为#c1c1c1，参数设置及设置完成后的效果如图 4.51 所示。

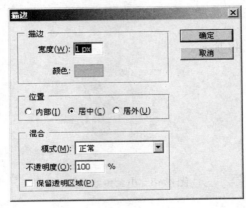

(a)

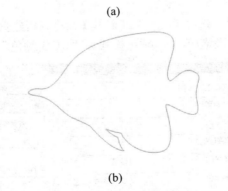

(b)

图 4.51　参数设置及设置完成后的效果 1

3. 为金鱼身体添加质感

新建图层，将图层重命名为"身体质感"，按住 Ctrl 键并单击"身体"图层的图层缩览图，载入"身体"图层的选区，选择【画笔工具】命令，在金鱼下部及尾部绘制，参数设置及设置完成后的效果如图 4.52 所示。

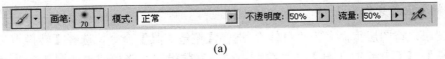

(a)

图 4.52　参数设置及设置完成后的效果 2

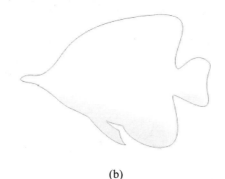

(b)

图 4.52 参数设置以及设置完成后的效果 2(续)

4. 为金鱼添加纹理 1

新建图层，将图层重命名为"纹理 1"，选择【钢笔工具】命令，选择【转换点工具】|【路径选择工具】|【直接选择工具】命令绘制路径，参数设置及路径效果如图 4.53 所示。

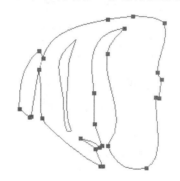

图 4.53 路径图 2

按 Ctrl+Enter 组合键将路径转换为选区，填充颜色#f5f5f6，参数设置及设置完成后的效果如图 4.54 所示。

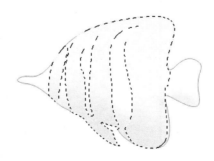

图 4.54 效果图 1

5. 为金鱼添加纹理 2

新建图层，将图层重命名为"纹理 2"，选择【钢笔工具】命令，选择【转换点工具】|【路径选择工具】|【直接选择工具】命令绘制路径，参数设置及路径效果如图 4.55 所示。

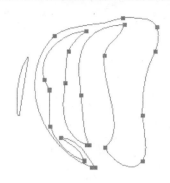

图 4.55　路径图 3

按 Ctrl+Enter 组合键将路径转换为选区，填充颜色#2ba6ef，参数设置及设置完成以后的效果如图 4.56 所示。

图 4.56　效果图 2

6. 为金鱼添加纹理 3

新建图层，将图层重命名为"纹理 3"，选择【钢笔工具】命令，选择【转换点工具】|【路径选择工具】|【直接选择工具】命令绘制路径，参数设置及路径效果如图 4.57 所示。

按 Ctrl+Enter 组合键将路径转换为选区，填充颜色#172446，参数设置及设置完成以后的效果如图 4.58 所示。

图 4.57　路径图 4

图 4.58　效果图 3

7. 为纹理 2 添加质感

(1) 新建图层，将图层重命名为"纹理 2 质感 1"，按住 Ctrl 键并单击"纹理 2"图层的图层缩览图，载入纹理 2 的选区，设置【前景色】为#45c3f5，选择【渐变工具】命令，进入【渐变编辑器】窗口，选择"前景色到透明渐变"，单击【确定】按钮回到图层，为选区添加从下到上的线性渐变，参数设置及设置完成后的效果如图 4.59 所示。

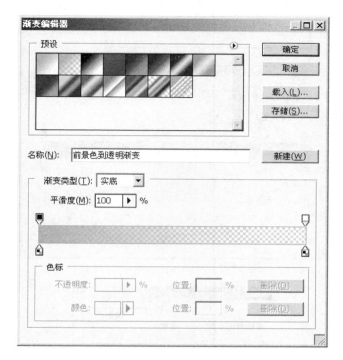

(a)

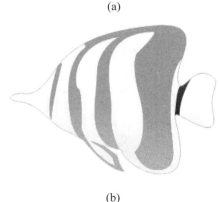

(b)

图 4.59　参数设置及设置完成后的效果 3

(2) 新建图层，将图层重命名为"纹理 2 质感 2"，按住 Ctrl 键并单击"纹理 2"图层的图层缩览图，载入纹理 2 的选区，进入【渐变编辑器】窗口，设置"颜色# 1f93e1 到颜色# 0b65c9"的渐变，单击【确定】按钮回到图层，为选区添加从下到上的线性渐变。再选择【选择】|【修改】|【收缩】命令，按 Delete 键删除选区中的内容，参数设置及设置完成后的效果如图 4.60所示。

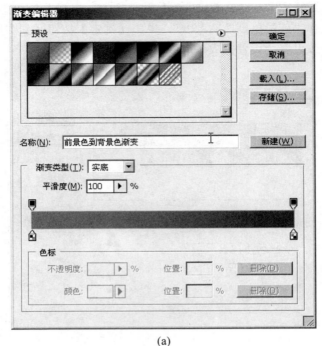

(a)

(b)

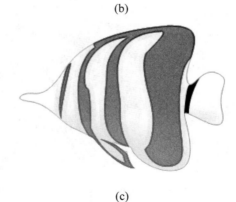

(c)

图 4.60 参数设置及设置完成后的效果 4

8. 为金鱼添加高光

新建图层，将图层重命名为"高光"，采用第 6 步的方法，利用【钢笔工具】绘制路径，将路径转换为选区，填充颜色#bce3fa，效果如图 4.61 所示。

图 4.61 效果图 4

9. 为金鱼添加花纹

新建图层，将图层重命名为"花纹"，选择【椭圆选框工具】命令，绘制椭圆，填充颜色#223258，选择【选择】|【修改】|【收缩】命令，按 Delete 键删除选区中的内容。再绘制一个小椭圆，填充颜色#223258，参数设置及完成后的效果如图 4.62 所示。

(a)

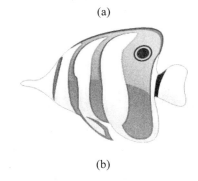

(b)

图 4.62 参数设置及设置完成后的效果 5

10. 绘制金鱼眼睛

新建图层，将图层重命名为"眼睛"，选择【椭圆选框工具】命令，绘制一个椭圆，填充白色，再绘制一个小椭圆，填充黑色，效果如图 4.63 所示。

图 4.63 效果图 5

至此便完成了小金鱼的制作，用户可根据需要对图像背景等进行进一步的修饰。

4.4　制作日历板

(1) 使用的软件：Photoshop CS4。

(2) 主要使用的工具：调整图层、钢笔工具、添加杂色、文字工具、图层样式。

4.4.1　设计思想

本实例首先利用【钢笔工具】及【圆角矩形工具】绘制出日历板的基本外形；利用【调整图层】为其添加图层样式；再现利用滤镜中的【添加杂色】命令制作出日历板的纹理；最后使用文字工具输入对应的日期。

4.4.2　制作过程

本实例最终效果如图 4.64 所示。

图 4.64　日历板效果图

1．新建文件

打开 Photoshop CS4 软件，选择【文件】|【新建】命令，新建页面。日历板的大小为 300×300 像素(宽×高)，分辨率为 72 像素/英寸，颜色模式为"RGB 颜色"。设置如图 4.65 所示。

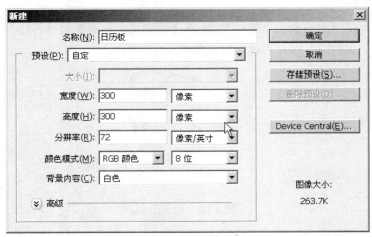

图 4.65　【新建】对话框

2. 为背景添加渐变色

双击【背景】图层将其解锁，选择【图层】|【图层样式】|【渐变叠加】命令，参数设置及设置完成后的效果如图 4.66 所示。

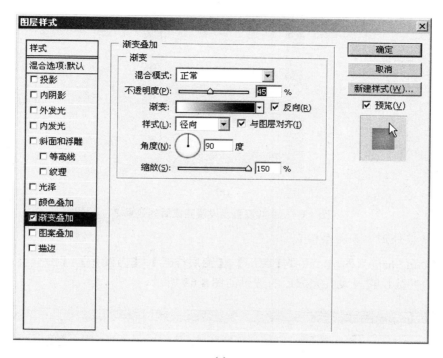

(a)

(b)

图 4.66　参数设置及设置完成后的效果 1

3. 绘制日历板外形

新建图层组，将图层组重命名为"Shape"，选择【圆角矩形工具】命令，设置其半径为 4px，绘制一个圆角矩形，将圆角矩形图层重命名为"Main Shape"，参数设置及效果如图 4.67 所示。

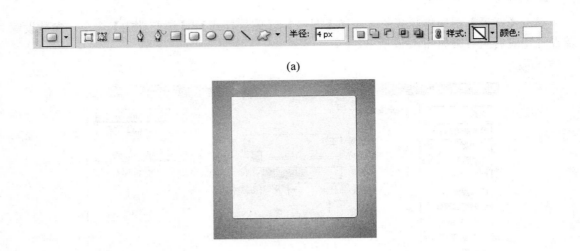

(a)

(b)

图 4.67　参数设置及设置完成后的效果 2

4. 为日历板外形添加图层样式

选择"Main Shape"图层，选择【图层】|【图层样式】|【内发光】|【渐变叠加】|【描边】命令，各自的参数设置及设置完成后的效果如图 4.68 所示。

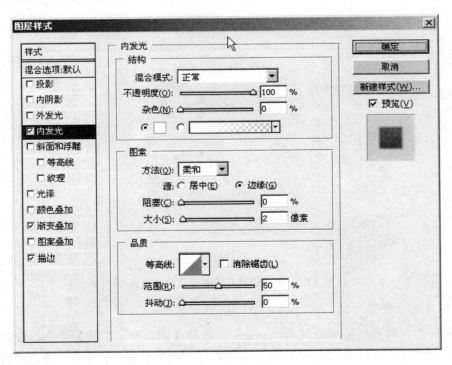

(a)

图 4.68　参数设置及设置完成后的效果 3

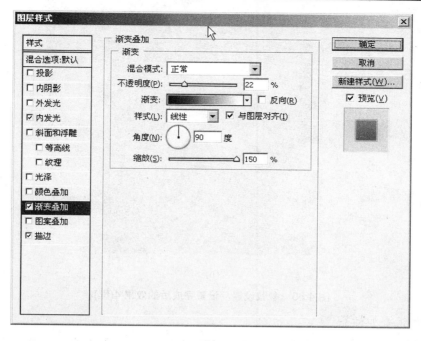

(b)

图 4.68 参数设置及设置完成后的效果 3(续)

5. 为日历板添加纹理

新建图层，将图层重命名为"Texture"，按住 Ctrl 键并单击"Main Shape"图层的图层缩览图，载入 Main Shape 图层的选区，填充黑色，设置【前景色】为黑色，设置【背景色】为白色，选择【滤镜】|【杂色】|【添加杂色】命令，再将"Texture"图层的不透明度设置为"5%"，参数设置及设置完成后的效果如图 4.69 所示。

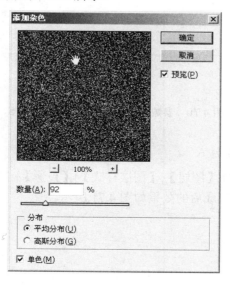

(a)

图 4.69 参数设置及设置完成后的效果 4

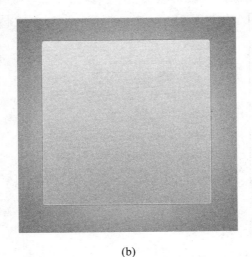

(b)

图 4.69　参数设置及设置完成后的效果 4(续)

6. 为日历板添加标签

新建图层组，将图层组重命名为"label"，选择【钢笔工具】命令，绘制标签形状，将标签形状图层重命名为"label"，参数设置及设置完成后的效果如图 4.70 所示。

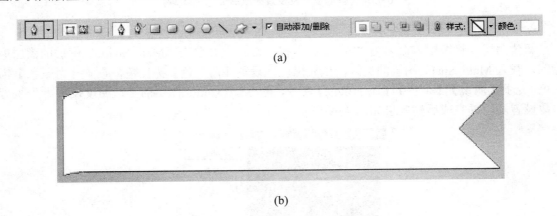

(a)

(b)

图 4.70　参数设置及设置完成后的效果 5

7. 为 label 图层添加图层样式

选择"label"图层，选择【图层】|【图层样式】|【投影】|【颜色叠加】|【渐变叠加】命令，各自的参数设置及设置完成后的效果如图 4.71 所示。

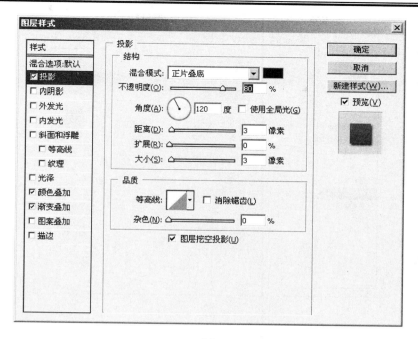

(a)

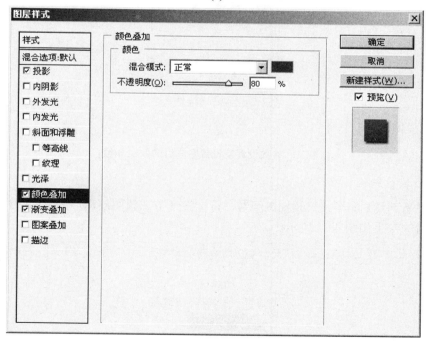

(b)

图 4.71 参数设置及设置完成后的效果 6

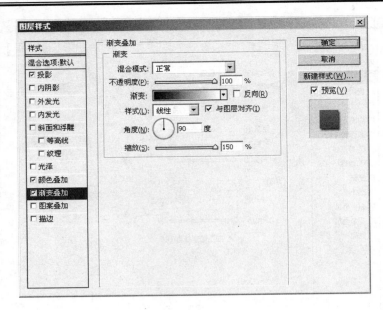

(c)

(d)

图 4.71　参数设置及设置完成后的效果 6(续)

8. 对标签进行细化

选择【钢笔工具】命令，绘制标签细节，将标签细节形状图层命名为 "label1"，参数设置及设置完成后的效果如图 4.72 所示。

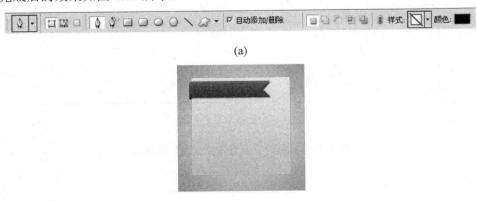

(a)

(b)

图 4.72　参数设置及设置完成后的效果 7

9．在标签上添加文字

选择【横排文字工具】命令，输入"MARCH 2011"，文字字体、大小等参数设置及输入完成后的效果如图 4.73 所示。

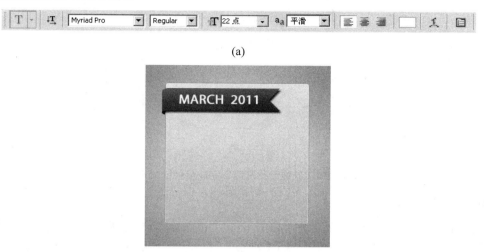

(a)

(b)

图 4.73　参数设置及设置完成后的效果 8

选择文字图层，选择【图层】|【图层样式】|【投影】命令，参数设置及完成设置后的效果如图 4.74 所示。

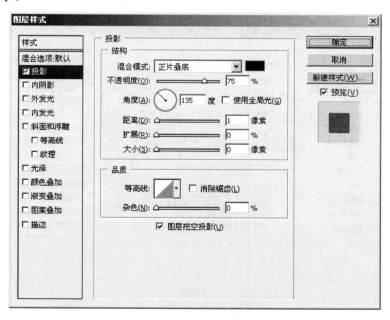

(a)

图 4.74　参数设置及设置完成后的效果 9

(b)

图 4.74　参数设置及设置完成后的效果 9(续)

10. 为日历添加横向分隔线

新建图层组，将图层组重命名为"Horizontal Dividers"，选择【直线工具】命令，绘制一条水平线，选择【图层】|【图层样式】|【投影】|【颜色叠加】命令，完成后将该直线图层复制 5 次，并对 5 个直线副本图层进行垂直方向等距离的移动，参数设置及设置完成后的效果如图 4.75 所示。

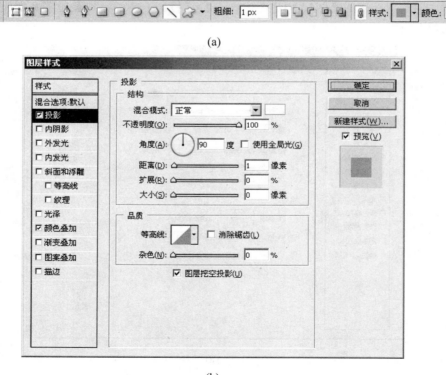

(b)

图 4.75　参数设置及设置完成后的效果 10

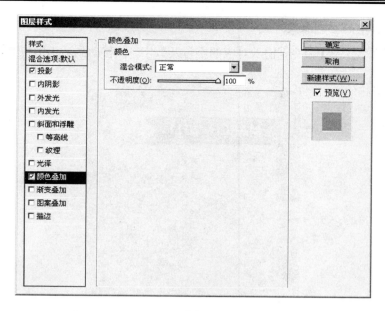

(c)

(d)

图 4.75 参数设置及设置完成后的效果 10(续)

11. 为日历添加纵向分隔线

复制 "Horizontal Dividers" 图层组，选择【编辑】|【变换】|【旋转 90 度(顺时针)】命令将横向分隔线旋转 90 度，根据情况将纵向分隔线缩短，设置完成后的效果如图 4.76 所示。

图 4.76 效果图 2

12. 输入日历中的星期以及日期

选择【横排文字工具】命令，输入对应的字母及数字，并移动到适当的位置，效果如图 4.77 所示。

图 4.77　效果图 3

13. 为当前日期添加图层样式

选择【矩形工具】命令，在对应的当前日期上绘制一个矩形，选择【图层】|【图层样式】|【渐变叠加】|【内阴影】命令，参数设置及设置完成后的效果如图 4.78 所示。

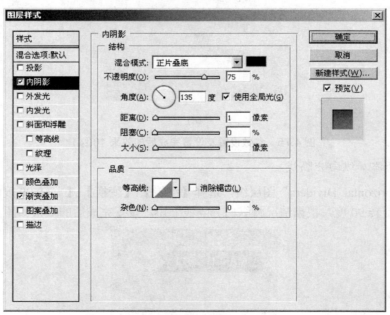

(a)

图 4.78　参数设置及设置完成后的效果 11

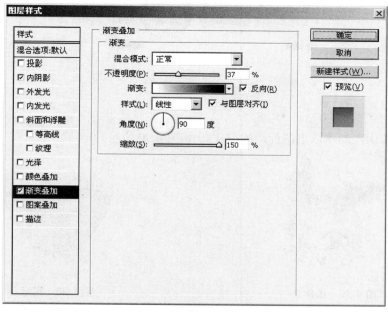

(b)

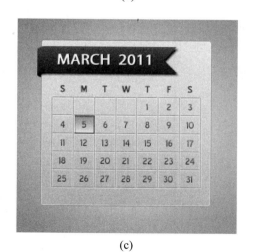

(c)

图 4.78 参数设置及设置完成后的效果 11

至此便完成了日历板的制作，用户可根据需要对图像背景等进行进一步的修饰。

4.5 实训练习题

一、制作题

利用所学知识，制作以下图标(来自于网络)，如图 4.88 所示。

图 4.88　图标 1

二、选做题

利用所学知识，制作以下图标，如图 4.89 和图 4.90 所示。

图 4.89　图标 2

图 4.90　图标 3

第**5**章　搜狗拼音输入法皮肤设计

 教学目标

　　本章重点对搜狗拼音输入法皮肤的制作进行讲解，同时利用所学的软件及皮肤编辑器制作一个自己需要的搜狗拼音输入法皮肤，同时将制作好的皮肤导出生成安装包，并实现皮肤的安装与发布。

 教学要求

知识要点	能力要求	关联知识
掌握皮肤编辑器的使用方法	掌握	状态栏、横排合窗、竖排合窗等信息的设置
掌握横向皮肤的设计	掌握	Photoshop 软件应用及抠图
掌握利用软件制作精美的搜狗皮肤	掌握	Photoshop 软件和皮肤编辑器的结合
掌握皮肤的安装及发布	掌握	软件安装、上传皮肤

5.1 搜狗拼音输入法简介

搜狗拼音输入法是 2006 年 6 月由搜狐(SOHU)公司推出的一款 Windows 平台下的汉字拼音输入法。搜狗拼音输入法是基于搜索引擎技术的、特别适合网民使用的、新一代的输入法产品，用户可以通过互联网备份自己的个性化词库和配置信息。搜狗拼音输入法为中国国内现今主流汉字拼音输入法之一，奉行永久免费的原则。

搜狗拼音输入法的主要特色如下。

(1) 网络新词：搜狐公司将网络新词作为搜狗拼音最大优势之一。搜狗拼音的这一设计的确在一定程度上提高了打字的速度。

(2) 快速更新：不同于许多输入法依靠升级来更新词库的方法，搜狗拼音采用不定时在线更新的方法。这大大减少了用户自己造词的时间。

(3) 整合符号：搜狗拼音将许多符号表情整合进了词库，如输入"haha"得到"^_^"。另外还提供一些用户自定义的缩写，如输入"QQ"，则显示"我的 QQ 号是 XXXXXX"等。

(4) 笔画输入：输入时以"u"做引导可以"h"(横)、"s"(竖)、"p"(撇)、"n"(捺，也作"d"(点))、"t"(提)用笔画结构输入字符。值得一提的是，竖心的笔顺是点点竖(nns)，而不是竖点点。

(5) 手写输入：最新版本的搜狗拼音输入法支持扩展模块，联合开心逍遥笔增加手写输入功能，当用户按 U 键时，拼音输入区会出现"打开手写输入"的提示。

(6) 输入统计：搜狗拼音提供一个统计用户输入字数、打字速度的功能。

(7) 输入法登录：可以使用输入法登录功能登录搜狗、搜狐等网站会员。

(8) 个性输入：用户可以选择多种精彩皮肤，更有每天自动更换一款<皮肤系列>的功能。

(9)细胞词库：细胞词库是搜狗首创、开放共享、可在线升级的细分化词库功能。细胞词库包括的词库不限于专业词库，通过选取合适的细胞词库，搜狗拼音输入法可以覆盖几乎所有的中文词汇。

5.2 经典皮肤欣赏

搜狗拼音输入法支持可充分自定义的、不规则形状的皮肤，包括输入窗口、状态栏窗口，都可以进行自由设计。下面是一些比较经典的皮肤图片(来自于搜狗拼音输入法官方网站)，用户可进行参考，如图 5.1 所示。

图 5.1　皮肤欣赏

5.3　皮肤编辑器

皮肤编辑器是搜狗拼音输入法提供的用于自定义皮肤的工具,用户从网站上下载皮肤编辑器程序,再运行安装即可使用。

皮肤编辑器的使用方法如下。

(1) 安装好皮肤编辑器后,双击运行皮肤编辑器,如图 5.2 所示。

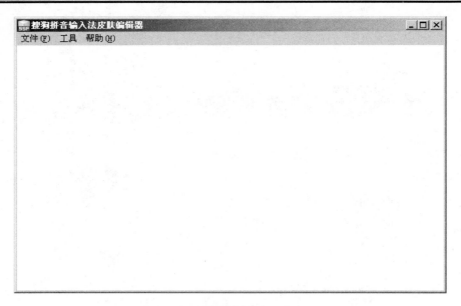

图 5.2　【皮肤编辑器】窗口

(2) 选择【文件】|【新建】命令，此时进入新的搜狗拼音【皮肤信息】界面，用户只需根据具体情况输入"皮肤名称"、"皮肤版本"、"皮肤作者"、"作者邮箱"、"制作时间"、"皮肤说明"，如图 5.3 所示。

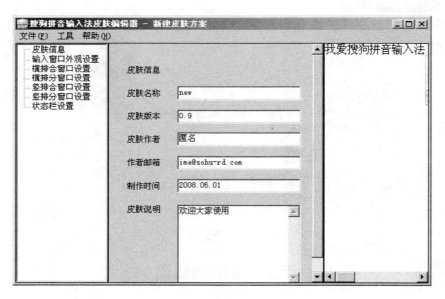

图 5.3　【皮肤信息】窗口

(3) 选择【输入窗口外观设置】菜单，进入【外观设置界面】，用户可根据需要对外观进行设置，需要设置的参数如图 5.4 所示。

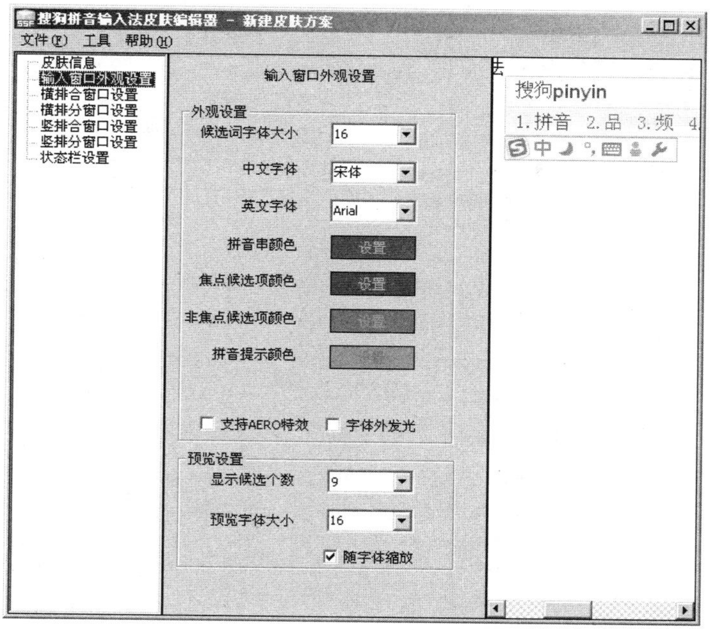

图 5.4 【输入窗口外观设置】窗口

(4) 选择【横排合窗口设置】菜单，进入【横排合窗口设置】界面，用户根据需要对横排合窗口进行设置，单击【导入】按钮可将窗口的背景图片导入其中，其余数值则根据用户需要进行设置，如图 5.5 所示。

选择【横排分窗口设置】菜单，进入【横排分窗口设置】界面，用户根据需要对横排分窗口进行设置，单击【导入】按钮可将拼音串窗口背景图片、候选词窗口背景图片导入其中，其余数值则根据用户需要进行设置，如图 5.6 所示。

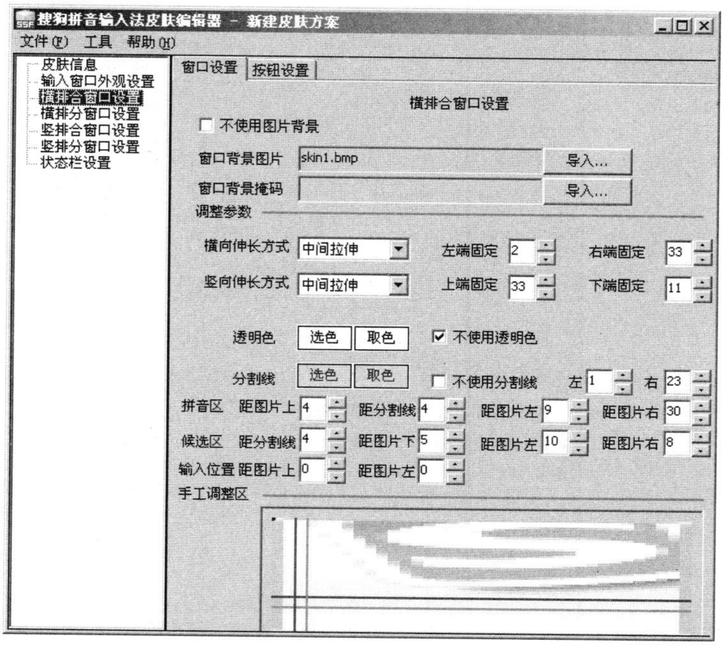

图 5.5 【横排合窗口设置】窗口

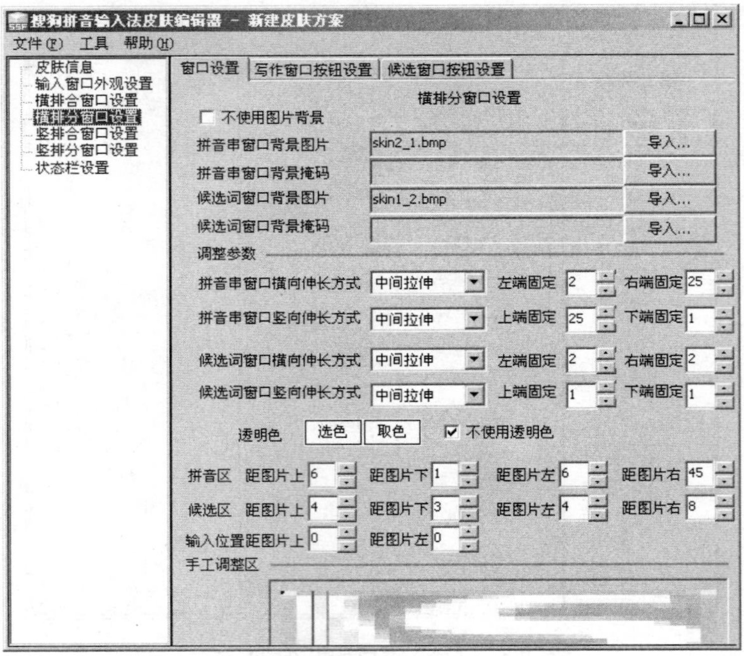

图 5.6　【横排分窗口设置】窗口

　　选择【竖排合窗口设置】菜单，进入【竖排合窗口设置】界面，用户根据需要对竖排合窗口进行设置，单击【导入】按钮可将窗口背景图片导入其中，其余数值则根据用户需要进行设置，如图 5.7 所示。

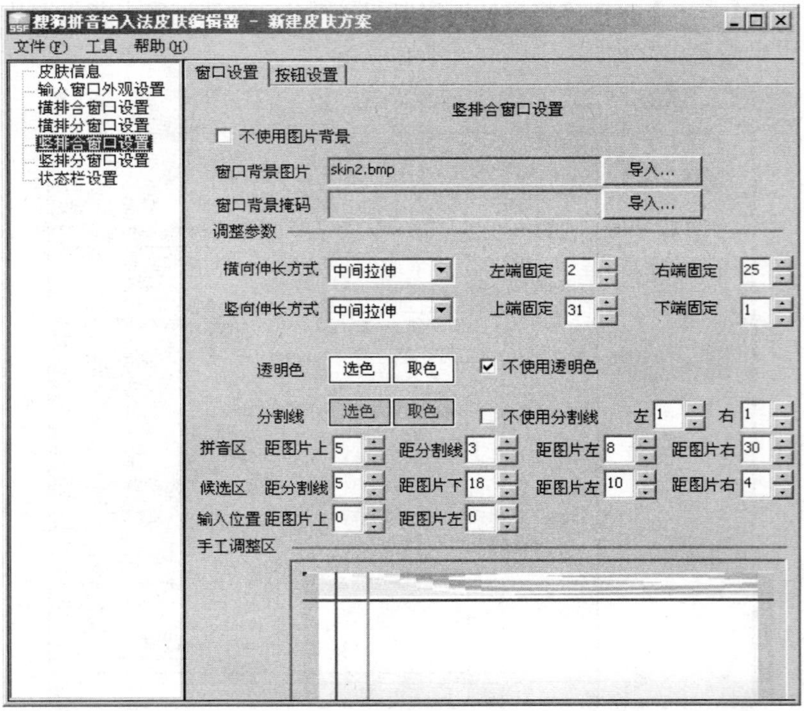

图 5.7　【竖排合窗口设置】窗口

　　选择【竖排分窗口设置】菜单，进入【竖排分窗口设置】界面，用户根据需要对竖排分窗口进行设置，单击【导入】按钮可将拼音串窗口背景图片、候选词窗口背景图片导入其中，其余数值则根据用户需要进行设置，如图 5.8 所示。

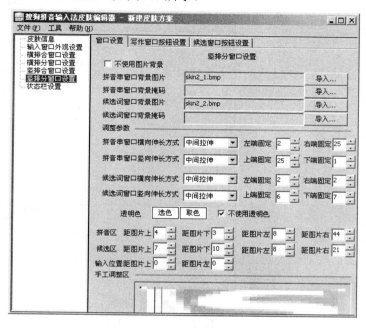

图 5.8　【竖排分窗口设置】窗口

　　选择【状态栏设置】菜单，进入【状态栏设置】界面，用户根据需要对状态栏进行设置，单击【导入】按钮可将背景图片导入其中，其余数值则根据用户需要进行设置，如图 5.9 所示。

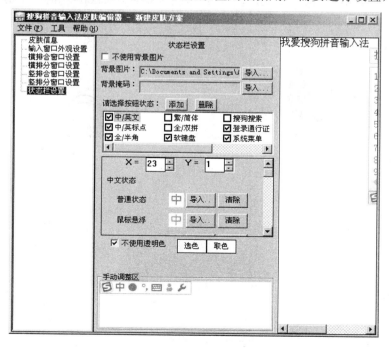

图 5.9　【状态栏设置】窗口

选择【文件】|【保存】命令，弹出【另存为】对话框，在【文件名】输入框中输入皮肤名称，保存类型为"搜狗输入法皮肤文件(*.ssf)"，如图 5.10 所示。

图 5.10 【另存为】对话框 1

5.4 皮肤设计实例

搜狗拼音输入法皮肤在设计时，其横向皮肤是必不可少的。搜狗拼音输入法皮肤包括横窗、竖窗及状态栏，在皮肤设计时需要利用图片处理软件(如 Photoshop 等)制作出适当的图片(主要为 PNG 格式)，再利用皮肤编辑器将图片导入，最后将皮肤导出生成安装文件。

本实例最终效果如图 5.11 所示。

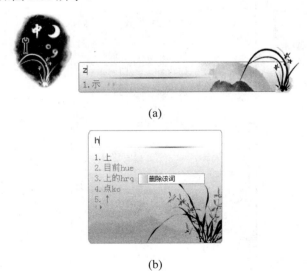

(a)

(b)

图 5.11 皮肤效果图

5.4.1　横排合窗口制作

（1）首先准备好制作皮肤所需要的素材，如图 5.12 所示。

(a)

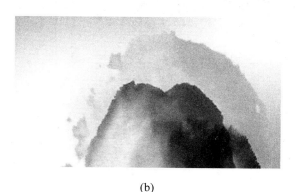

(b)

图 5.12　素材 1

（2）制作横排合窗口。

① 打开软件 Photoshop，选择【文件】|【新建】命令，新建一个透明文件，参数设置如图 5.13 所示。

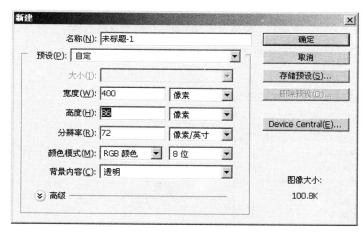

图 5.13　【新建】对话框 1

② 新建图层，将图层重命名为"显示框"，选择【圆角矩形工具】命令，绘制一个半径为10px 的圆角矩形路径，按 Ctrl+Enter 组合键将路径转换成选区，选择【渐变工具】命令，进入【渐变编辑器】窗口，设置"颜色白色到颜色#b5b5b5"的渐变，为选区填充对应颜色的线性渐变，按 Ctrl+D 组合键取消选择，参数设置及设置完成后的效果如图 5.14 所示。

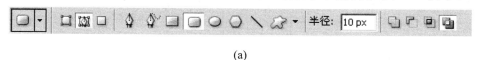

(a)

图 5.14　参数设置及设置完成后的效果 1

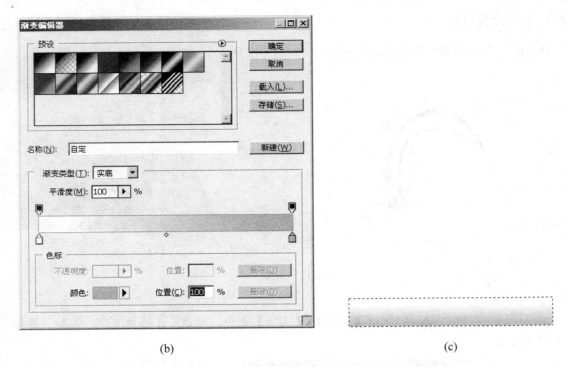

(b)   (c)

图 5.14   参数设置及设置完成后的效果 1(续)

③ 选择【显示框】图层，选择【图层】|【图层样式】|【描边】命令，参数设置及设置完成后的效果如图 5.15 所示。

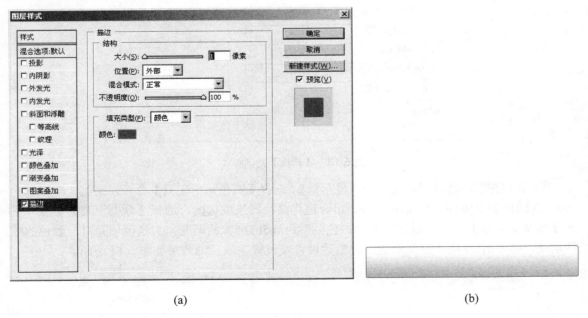

(a)   (b)

图 5.15   参数设置及设置完成后的效果 2

④ 新建图层，将图层重命名为"兰花"，将兰花素材中的兰花选取出来，放到适当的位置，效果如图 5.16 所示。

⑤ 新建图层，将水墨山水素材复制到该图层中，并将该图层重命名为"山水"，将山水图层移动到兰花图层下方，为其创建剪贴图层，并将其图层混合模式更改为"变暗"，效果如图 5.17 所示。

图 5.16　效果图 1

图 5.17　效果图 2

⑥ 新建图层，将图层重命名为"分隔线"，选择【钢笔工具】命令，绘制一条直线，选择【画笔工具】命令，设置画笔主直径为 2px，进入路径面板，右击直线路径，选择【描边路径】命令，描边路径参数设置及完成后的效果如图 5.18 所示。

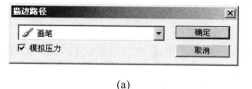

(a)

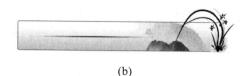

(b)

图 5.18　参数设置及设置完成后的效果 3

⑦ 选择【文件】|【保存】命令，打开【存储为】对话框，参数设置如图 5.19 所示。

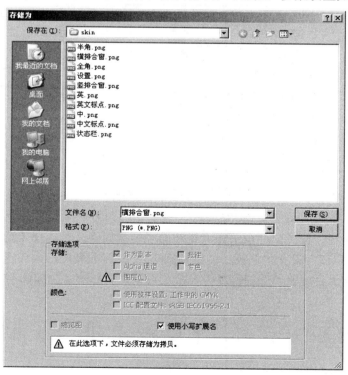

图 5.19　【存储为】对话框 1

5.4.2 竖排合窗口制作

(1) 首先准备好制作皮肤所需要的素材，如图 5.20 所示。

图 5.20　素材 2

(2) 制作竖排合窗口。

① 打开软件 Photoshop，选择【文件】|【新建】命令，新建一个透明文件，参数设置如图 5.21 所示。

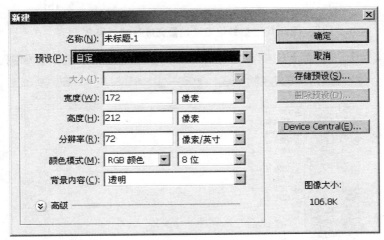

图 5.21　【新建】对话框 2

② 新建图层，将图层重命名为"竖框"，选择【圆角矩形工具】命令，绘制一个半径为 10px 的圆角矩形路径，按 Ctrl+Enter 组合键将路径转换成选区，选择【渐变工具】命令，进入【渐变编辑器】窗口，设置"颜色白色到颜色#b5b5b5"的渐变，为选区填充对应颜色的线性渐变，按 Ctrl+D 组合键取消选择，参数设置及设置完成后的效果如图 5.22 所示。

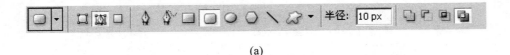

(a)

图 5.22　参数设置及设置完成后的效果 4

(b)

(c)

图 5.22 参数设置及设置完成后的效果 4(续)

③ 选择【竖框】图层，选择【图层】|【图层样式】|【描边】命令，参数设置及设置完成后的效果如图 5.23 所示。

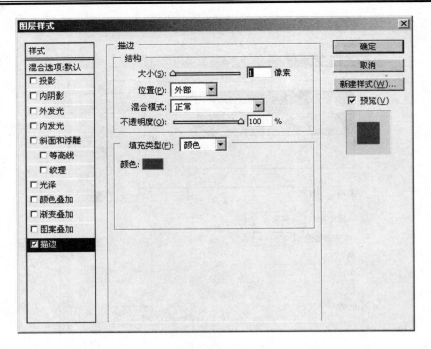

(a)

(b)

图 5.23　参数设置及设置完成后的效果 5

④ 新建图层,将图层重命名为"兰花",将兰花素材中的兰花选取出来,放到适当的位置,效果如图 5.24 所示。

⑤ 新建图层,将水墨山水素材复制到该图层中,并将该图层重命名为"山水",将山水图层移动到兰花图层下方,为其创建剪贴图层,并将其图层混合模式更改为"颜色加深",效果如图 5.25 所示。

图 5.24　效果图 3

图 5.25　效果图 4

⑥ 新建图层，将图层重命名为"分隔线"，选择【钢笔工具】命令，绘制一条直线，选择【画笔工具】命令，设置画笔主直径为 2px，进入路径面板，右击直线路径，选择【描边路径】命令，描边路径参数设置及完成后的效果如图 5.26 所示。

(a)   (b)

图 5.26　参数设置及设置完成后的效果 6

⑦ 选择【文件】|【保存】命令，打开【存储为】对话框，参数设置如图 5.27 所示。

图 5.27　【存储为】对话框 2

5.4.3　状态栏制作

(1) 首先准备好制作皮肤所需要的素材，如图 5.28 所示。

图 5.28　素材 3

（2）制作状态栏。

① 打开软件 Photoshop，选择【文件】|【新建】命令，新建一个透明文件，参数设置如图 5.29 所示。

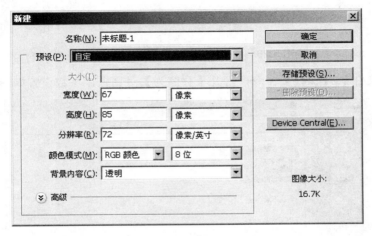

图 5.29　【新建】对话框 3

② 新建图层，将图层重命名为"水墨"，将水墨素材中的墨选取出来放到水墨图层中。

③ 新建图层，将图层重命名为"兰花"，将兰花素材中的兰花选取出来，并调整大小，按 Ctrl+I 组合键执行反相，将兰花移动到适当的位置，效果如图 5.30 所示。

图 5.30　效果图 5

5.4.4　按钮制作

1．制作中文按钮

打开软件 Photoshop，选择【文件】|【新建】命令，新建一个透明文件，参数设置如图 5.31 所示。

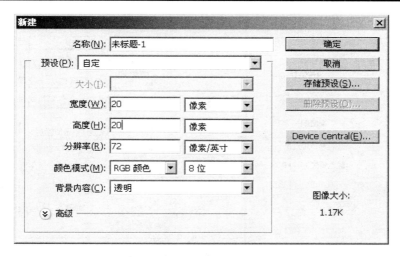

图 5.31　【新建】对话框 4

选择【横排文字】工具，在其中输入"中"字，颜色为白色，并将其存储为 PNG 格式的图片。

2．制作英文按钮

打开软件 Photoshop，选择【文件】|【新建】命令，新建一个透明文件，参数设置如图 5.32 所示。

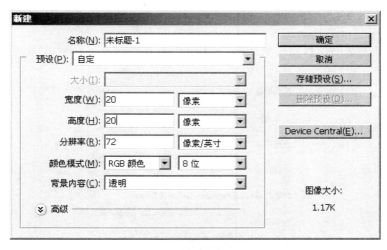

图 5.32　【新建】对话框 5

选择【横排文字】工具，在其中输入"英"字，颜色为白色，并将其存储为 PNG 格式的图片。

3．制作 Caps 锁定按钮

打开软件 Photoshop，选择【文件】|【新建】命令，新建一个透明文件，参数设置如图 5.33 所示。

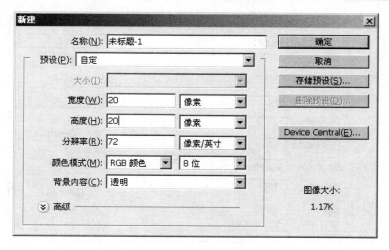

图 5.33　【新建】对话框 6

选择【横排文字】工具，在其中输入字母"A"，颜色为白色，并将其存储为 PNG 格式的图片。

4. 制作中英标点、全/半角、系统菜单

制作中英标点、全/半角、系统菜单的方法与前 3 个按钮相同，此处不再赘述。

5.4.5　导入皮肤编辑器

导入横排合窗口。

(1) 打开皮肤编辑器，设定皮肤信息，如图 5.34 所示。

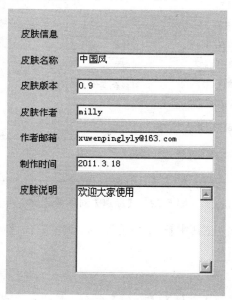

图 5.34　【皮肤信息】设置窗口

(2) 进入【输入窗口外观设置】窗口，参数设置如图 5.35 所示。

(3) 进入【横排合窗口设置】窗口，参数设置如图 5.36 所示。

图 5.35   【输入窗口外观设置】窗口

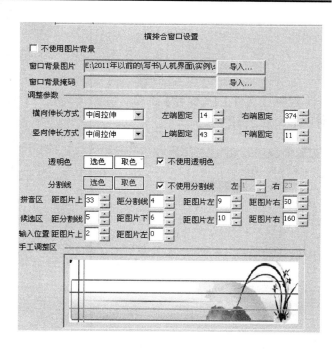

图 5.36   【横排合窗口设置】窗口

(4) 进入【竖排合窗口设置】窗口，参数设置如图 5.37 所示。

(5) 进入【状态栏设置】窗口，将对应的按钮以及背景图层导入即可，参数设置如图 5.38 所示。

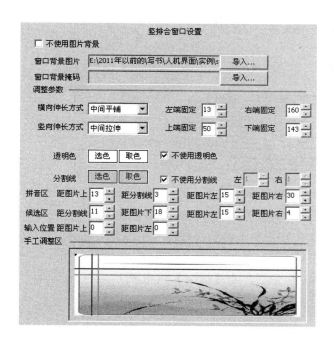

图 5.37   【竖排合窗口设置】窗口

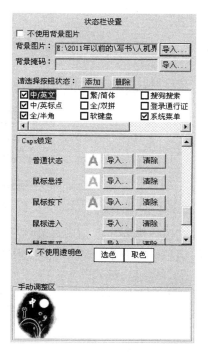

图 5.38   【状态栏设置】窗口

5.5　导出生成安装包

选择【文件】|【保存】命令,弹出【另存为】对话框,参数设置如图 5.39 所示。此时在对应的文件夹中生成了皮肤文件,如图 5.40 所示。

图 5.39　【另存为】对话框 2　　　　　　　　　　　　图 5.40　皮肤文件

5.6　安装及发布皮肤

安装皮肤,只需双击运行皮肤文件即可,如图 5.41 所示,单击【确定】即可。

图 5.41　皮肤安装界面

首先用户需要在搜狗拼音输入法的官方网站上注册一个搜狗邮箱,如图 5.42 所示,输入相应的信息,单击【立即注册】按钮即可;其次用户进入搜狗拼音输入法官方网页中,利用用户名和密码登录,进入"个人中心",如图 5.43 所示;最后单击【皮肤上传】按钮,用户只需按要求输入信息以及导入图片,如图 5.44 所示,最后单击【提交】按钮即可。

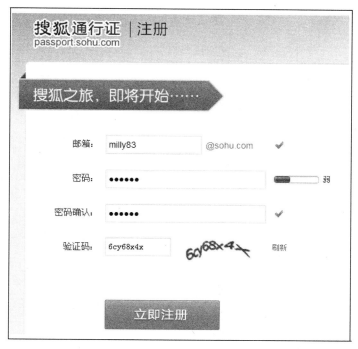

图 5.42　注册页面

图 5.43　个人中心

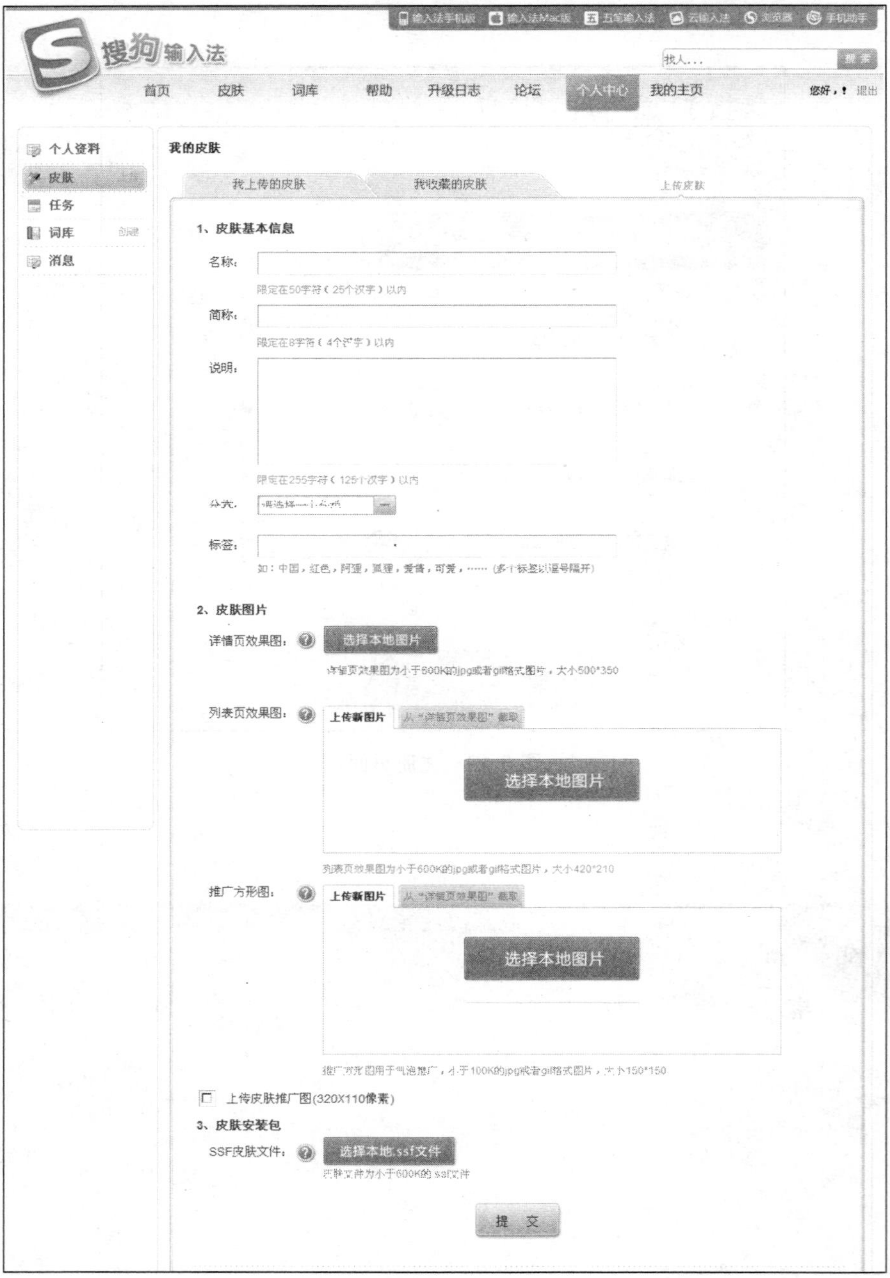
输入法手机版
输入法Mac版
五笔输入法
云输入法
浏览器
手机助手
搜狗输入法
找人...
搜索
首页
皮肤
词库
帮助
升级日志
论坛
个人中心
我的主页
您好，！
退出
个人资料
皮肤
任务
词库
消息
我的皮肤
我上传的皮肤
我收藏的皮肤
上传皮肤
1、皮肤基本信息
名称：
限定在50字符（25个汉字）以内
简称：
限定在8字符（4个汉字）以内
说明：
限定在255字符（125个汉字）以内
分类：
标签：
2、皮肤图片
详情页效果图：
选择本地图片
列表页效果图：
上传新图片
选择本地图片
推广方形图：
上传新图片
选择本地图片
上传皮肤推广图(320X110像素)
3、皮肤安装包
SSF皮肤文件：
选择本地.ssf文件
提 交

图 5.44　上传皮肤

5.7　实训练习题

利用所学知识，制作一个中国风—墨竹的皮肤，效果如图 5.45 所示。

图 5.45　中国风—墨竹

第**6**章　软件界面设计

　教学目标

　　软件界面设计是在理清需求分析、掌握设计方案后所进行的详细设计的操作。本章要求对Photoshop 具有较为熟练地掌握程度，以便于快速上手。本章所选择的设计对象都是软件中常用的界面。其中的一些操作技巧可以广泛使用到其他设计中，希望学习人员能够深刻体会。

　教学要求

知识要点	能力要求	关联知识
利用 Adobe Photoshop CS4 设计软件登录界面	掌握	图形图像基础及色彩设计、人机界面工具使用
利用 Adobe Photoshop CS4 设计播放器窗口	掌握	图形图像基础及色彩设计、人机界面工具使用

6.1　登录界面设计

6.1.1　登录界面方案

登录界面是一个软件或网站最重要的部分之一。一个良好的登录界面设计，将会给用户良好的使用体验，甚至能吸引非注册用户注册。登录界面一般很简洁，但事实上一个具有良好易用性的登录界面并不容易实现。其既要保持软件整体风格，还要具有良好的用户体验。

登录界面的设计元素通常包括登录软件信息提示、账号输入提示信息、账号输入框、密码输入提示信息、密码输入框、登录按钮；根据用户体验的不同，通常还有一些方便用户的元素，如设置信息、注册新账号、找回密码(忘记密码)、最大化按钮、最小化按钮、关闭按钮、记住密码、自动登录、软件标志或图标等。

6.1.2　制作过程

本实例最终效果如图 6.1 所示。

图 6.1　登录界面最终效果图

1. 新建文件

打开 Photoshop CS4 软件，选择【菜单】|【新建】命令，新建页面。设计登录窗口页面的大小为 800×600 像素(宽×高)，分辨率为 72 像素/英寸，颜色模式为"RGB 颜色"，背景内容为"白色"，如图 6.2 所示。

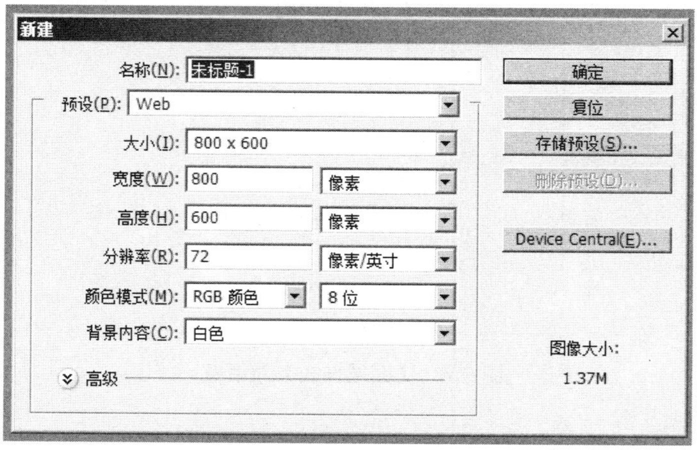

图 6.2　参数设置

2. 设置背景颜色

(1) 在工具栏中选择【前景色】命令，设置其值为"#128dd9"；选择【背景色】命令，设置其值为"#0a517d"。使用径向渐变工具(G)，在背景层上拉出如图 6.3 所示效果。

(2) 如图 6.4 所示，双击"背景"层，如图 6.5 所示，在弹出的【新建图层】对话框中单击【确定】按钮，将背景层转换为"图层 0"，如图 6.6 所示。

图 6.3　设置背景色

图 6.4　【背景】层 1

图 6.5　【新建图层】对话框 1

图 6.6　【图层 0】1

(3) 双击【图层 0】，调出其【图层样式】对话框，设置【图案叠加】参数如图 6.7 所示。

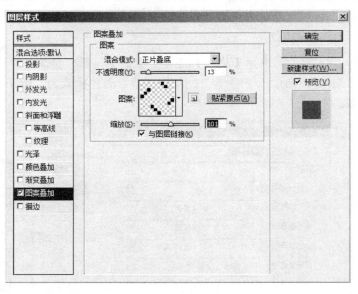

图 6.7　【图层样式】对话框

3. 绘制登录界面主体框架

(1) 选择【圆角矩形工具】命令，为了方便以后的修改，这里使用矢量图层蒙板，即图层样式，如图 6.8 所示。

图 6.8　选择【圆角矩形工具】命令

(2) 在画布上绘制一个任意大小的矩形，按 Ctrl+T 组合键，出现【变换工具】后，在选项中输入如图 6.9(b)所示的大小，按 Enter 键确认变换。

(a)

(b)

图 6.9　设定矩形大小 1

(3) 将鼠标移动到【图层】面板双击"形状 1"，将"形状 1"的图层名称改为【登录框】，如图 6.10 所示。

图 6.10　【登录框】图层

(4) 双击【登录框】图层，调出该层的【图层样式】对话框，设置如图 6.11 所示的参数。

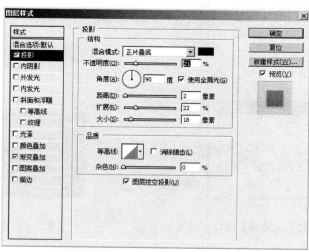

(a)

图 6.11　设置【登录框】参数

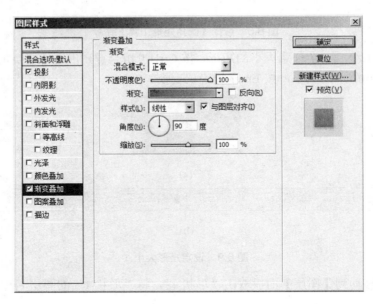

(b)

图 6.11　设置【登录框】参数(续)

（5）设置【渐变编辑器】，左边颜色为"#1573a9"，右边颜色为"# 40d2ed"如图 6.12 所示。效果如图 6.13 所示。

图 6.12　【渐变编辑器】窗口

图 6.13　效果图 1

（6）新建一图层，取名为"高光边线"，如图 6.14 所示。

（7）如图 6.15 所示，在工具栏中选择【单列选框工具】命令，在登录框左边绘制一条 1 像素线并填充白色，效果如图 6.16 所示。

图 6.14　【高光边线】图层　　　　　　　图 6.15　选择【单列选框工具】命令

(8) 使用【橡皮擦】工具，选择柔性笔头，擦去多余白线，效果如图 6.17 所示。

图 6.16　效果图 2　　　　　　　　　　　图 6.17　效果图 3

(9) 使用类似的方法，将其他两边的线条制作出来。利用【钢笔】工具制作出两个高光角，如图 6.18 所示。

(10) 使用【单行选框】工具，制作登录框下面的分栏线，方法同上。两条线填充不同的颜色，可以调整图层的不透明度属性，达到最终效果，如图 6.19 所示。

图 6.18　效果图 4　　　　　　　　　　　图 6.19　效果图 5

(11) 使用【圆角矩形工具】绘制一个半径为 5px，大小为 360×50px 的圆角矩形，为图层取名为"登录信息提示"，在该层上调出【图层样式】对话框，设置【图案叠加】，效果如图 6.20 所示。

(12) 使用【文字工具】快捷键(T)，输入如图 6.21 所示的文字，设置颜色为"白色"，中文字体大小为 20px，英文字体大小为 12px，效果如图 6.21 所示。

图 6.20　效果图 6　　　　　　　　　　　图 6.21　效果图 7

(13) 使用【矩形工具】绘制用户输入框和密码框，再使用文字工具输入提示信息，效果如图 6.22 所示。

(14) 使用【圆角矩形工具】绘制出【登录】按钮，如图 6.23 所示。

图 6.22　效果图 8

图 6.23　效果图 9

(15) 使用【钢笔工具】绘制一些装饰性的小元素，效果如图 6.24 所示。

图 6.24　效果图 10

(16) 最终效果如图 6.1 所示。

6.1.3　注意事项

在制作的过程中，可以按 Ctrl+R 键打开标尺、拉出辅助线、帮助定位元素；使用【缩放工具】快捷键(Z)可以随时放大、缩小画面元素，便于操作对象；按 Tab 键可以显示或隐藏工具栏和面板，使设计者可以轻松预览全局。

6.2　播放器窗口设计

6.2.1　播放器方案设计

衡量一款播放器软件的好坏，有一个重要因素就是交互界面。交互界面主要指用户与软件交互的外部接口，一款功能强大、操作简单的播放器往往会受到用户的青睐。

音乐播放器界面要素主要有播放/暂停、上一首、下一首按钮，声音控制，音乐波形显示，歌名，歌词，时长等。根据设计风格的不同，还可以加上一些视觉元素；从造型上来说，除了常规的形态外，还可以是概念版本的造型。

6.2.2　制作过程

本案例最终结果如图 6.25 所示。

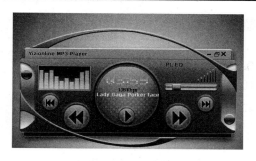

图 6.25 播放器最终效果图

1. 新建文件

打开 Photoshop CS4 软件，选择【菜单】|【新建】命令，新建页面。设计登录窗口页面的大小为 800×600 像素(宽×高)，分辨率为 72 像素/英寸，颜色模式为"RGB 颜色"，如图 6.26所示。

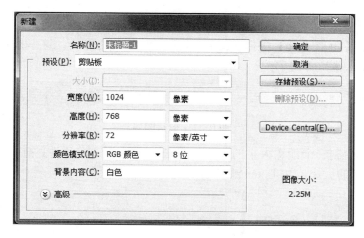

图 6.26 【新建】对话框 1

2. 设置背景颜色

(1) 在工具栏中选择【前景色】命令，设置其值为"#ffffff"；选择【背景色】命令，设置其值为"000000"。使用径向【渐变工具】快捷键(G)，在背景层上拉出如图 6.27 所示的效果。

(2) 如图 6.28 所示，双击【背景】层，如图 6.29 所示，在弹出的【新建图层】对话框中单击【确定】按钮，将背景层转换为【图层 0】，如图 6.30 所示。

图 6.27 设置背景颜色

图 6.28 【背景】层 2

图 6.29 【新建图层】对话框 2

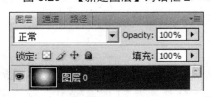

图 6.30 【图层 0】2

3. 绘制播放器主体框架

(1) 使用圆角【矩形工具】快捷键(U)，为了方便后期的修改，这里推荐使用矢量图层蒙版，即形状图层，如图 6.31 所示。

图 6.31 形状图层

(2) 在画面上绘制一个任意大小的矩形，按 Ctrl+T 组合键，出现变换工具后，在选项中输入如图 6.32(b)所示的大小，按 Enter 键确认变换。

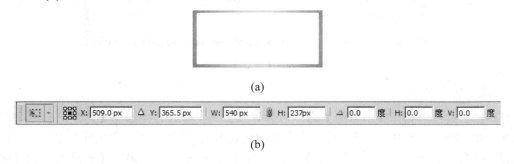

(a)

(b)

图 6.32 设定矩形大小 2

(3) 将鼠标移动到图层面板上双击"形状 1"，将"形状 1"的图层名称改为"播放器主体"，如图 6.33 所示。

图 6.33 【播放器主体】图层

(4) 双击【播放器主体】图层，调出该图层的【图层样式】对话框，设置如图 6.34 所示参数。

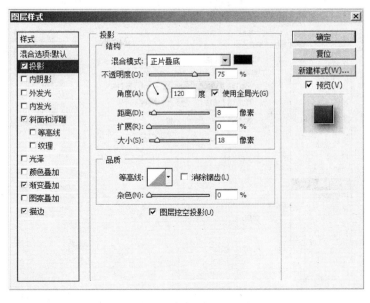

(a)

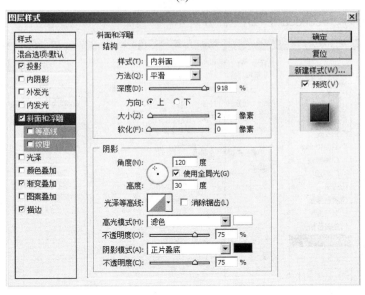

(b)

图 6.34 设置【播放器主体】参数

(5) 【渐变叠加】的颜色分别是"#181818"和"#908f8f",如图 6.35 所示。

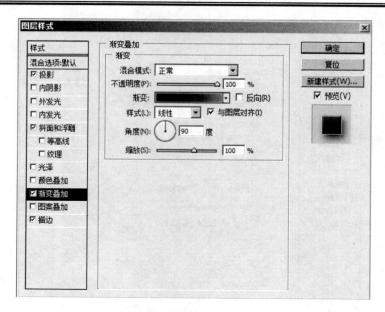

图 6.35　设置【渐变叠加】

(6) 描边颜色为"#ededed"，如图 6.36 所示。

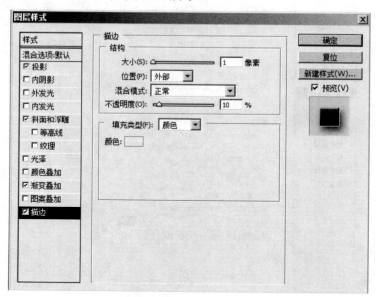

图 6.36　设置【描边】颜色

(7) 设置完成后，效果如图 6.37 所示。

图 6.37　效果图 11

(8) 继续使用圆角【矩形工具】快捷键(U)绘制一个宽 560px，高 197px，半径为 4px 的圆角矩形，将图层名字改为"主体二"，调整矩形位置到【播放器主体】图层的中下方，如图 6.38所示。

图 6.38　【主体二】图层

(9) 为【主体二】图层设置图层样式，如图 6.39 所示。

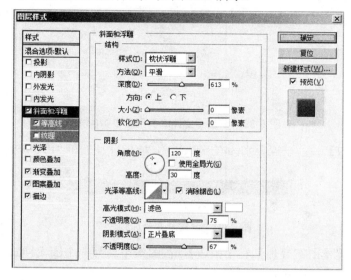

(a)

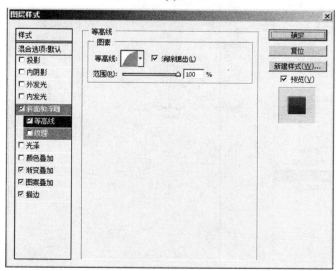

(b)

图 6.39　设置【主体二】图层参数

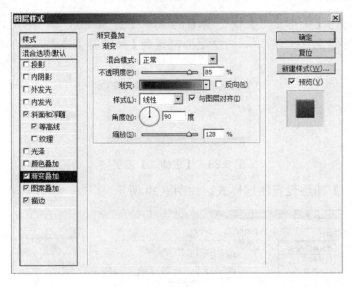

(c)

图 6.39　设置【主体二】图层参数(续)

(10)【渐变叠加】颜色设置分别为"#8f8e8e"，"#181818"和"#908f8f"，如图 6.40 所示。

图 6.40　设置渐变叠加颜色

(11) 为图层设置【图案叠加】和【描边】，在图案中选择一个图案样式，图案可以从网上下载或自行制作，设置如图 6.41 所示。

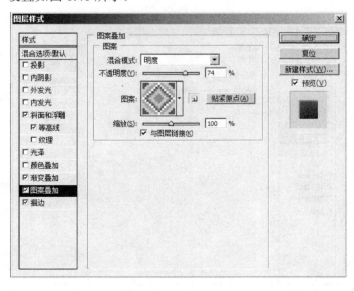

(a)

图 6.41　设置【图案叠加】和【描边】

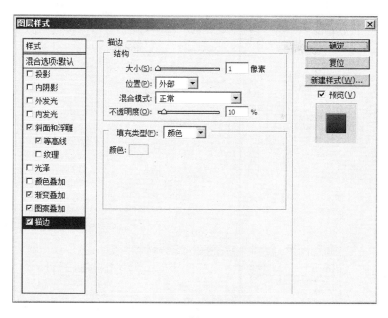

(b)

图 6.41 设置【图案叠加】和【描边】(续)

(12) 经过图层样式的设置，播放器主体窗口效果如图 6.42 所示。

图 6.42 效果图 12

(13)使用【钢笔工具】快捷键(P)绘制出如图 6.43 所示形状图层。

图 6.43 效果图 13

(14) 为该形状图层设置图层样式，如图 6.44 所示。

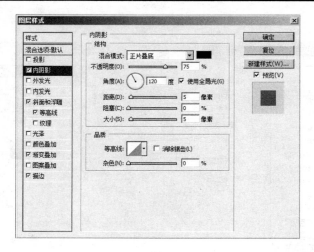

(a)

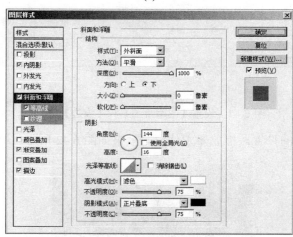

(b)

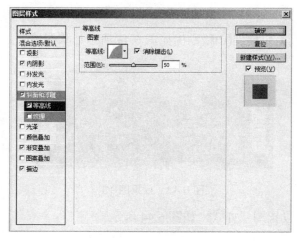

(c)

图 6.44　设置图层样式

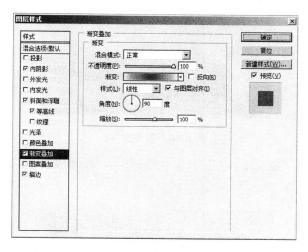

(d)

图 6.44 设置图层样式(续)

(15) 设置【渐变叠加】颜色为"#f1f1f1","#939393","#4b4b4b","#bebebe"和"#ffffff",如图 6.45 所示。

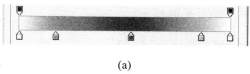

(a)

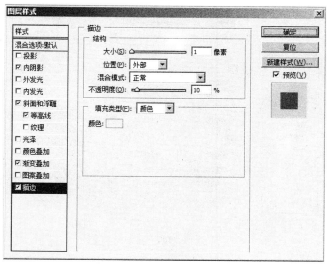

(b)

图 6.45 设置渐变叠加颜色 1

(16) 设置完成后，效果如图 6.46 所示。

图 6.46 效果图 14

(17) 绘制播放按钮，使用【椭圆工具】快捷键(U)，在播放器中间绘制一个黑色正圆，效果如图 6.47 所示。

图 6.47 效果图 15

(18) 设置正圆的图层样式如图 6.48 所示。

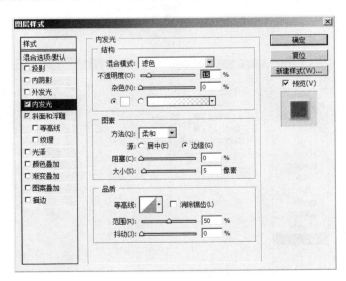

(a)

图 6.48 设置正圆的图层样式

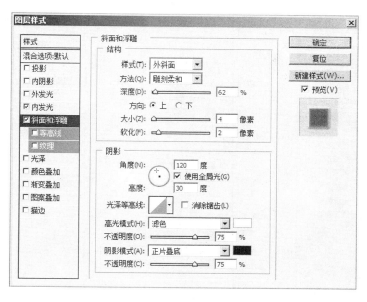

(b)

图 6.48 设置正圆的图层样式(续)

(19) 设置完成后，效果如图 6.49 所示。

图 6.49 效果图 16

(20) 重新绘制一个稍小一点的灰色正圆与之前的圆重合，效果如图 6.50 所示。

图 6.50 效果图 17

(21) 设置灰色圆形的图层样式如图 6.51 所示。设置【内发光】，颜色为"#1c93ca"。

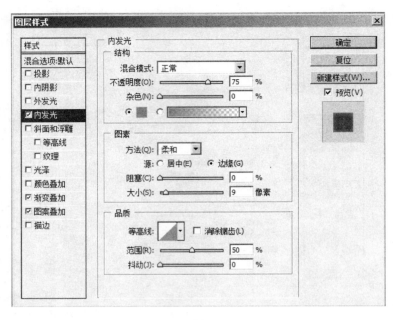

(a)

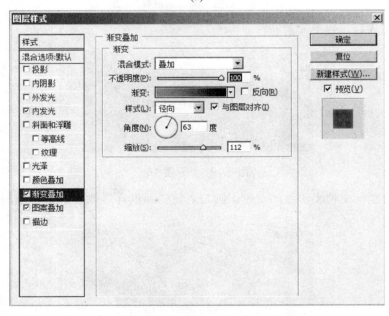

(b)

图 6.51　设置灰色圆形的图层样式

(22) 设置【渐变叠加】颜色为 "#27abf7"，"#05203d" 和 "#05203d"，如图 6.52 所示。

(a)

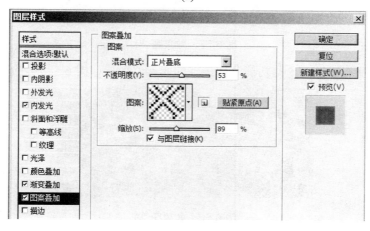

(b)

图 6.52 设置渐变叠加颜色 2

(23) 设置完成后，效果如图 6.53 所示。

(24) 新建一图层，绘制一个再小一点的正圆，选择【渐变工具】命令，拉出一个从白色到透明的线性渐变。效果如图 6.54 所示。

图 6.53 效果图 18

图 6.54 效果图 19

(25) 使用【文字工具】快捷键(T)，输入播放时间和一些相关文字，并进行相应设置，效果如图 6.55 所示。

(26) 使用绘制中间大圆的方法，绘制出周围小圆形，作为按钮，效果如图 6.56 所示。

图 6.55 效果图 20

图 6.56 效果图 21

(27) 使用【钢笔工具】快捷键(P)绘制出播放按钮上的图形，并调整图层样式，效果如图 6.57 所示。

图 6.57　效果图 22

(28) 继续为播放器加上一些功能及装饰性的元素，效果如图 6.58 所示。

图 6.58　效果图 23

(29) 在适当的地方为播放器添加部分高光，效果如图 6.59 所示。

图 6.59　效果图 24

(30) 通过使用【钢笔工具】快捷键(P)添加一些装饰效果，最终效果如图 6.25 所示。

6.2.3　注意事项

制作过程中大量使用到了形状图层和图层样式，使用这两种方式制作出来的图形可以反复编辑，便于再次修改。由于实例后面的内容重复的较多，故省略了详细步骤，在练习的时候，可以将前面的步骤熟记于心，后面的效果与前面大同小异，可以直接进行制作。

6.3　实训练习题

一、填空题

1. _____、_____、_____、_____和登录按钮，是一个登录界面上必不可少的元素。

2. 播放、_____、_____、_____等按钮，是一款播放器上不可或缺的元素，如果没有这些元素，这个播放器设计将是不完整的。

二、问答题

1. 在登录界面上，为了方便用户的登录，除了必要的登录元素外，还会有哪些增加用户体验的设计？

2. 在设计界面的时候，对于元素的排放位置是不是可以随心所欲？为什么？

三、设计题

如图 6.60 所示参考 QQ 2010 登录界面，设计一个聊天软件的登录界面。

图 6.60　QQ 2010 登录界面

第**7**章　网站界面设计

　教学目标

　　在互联网应用飞速发展的时代，网站成为传达信息的重要媒介。网站的美观度、实用性和交互性成为网站运营者与访问者之间日益重视的问题。本章的重点在于对网站界面进行分析，并以一个实例入门，详细讲解网站界面设计的要点，希望学习人员能够在理论联系实践的基础上，进行网站界面的开发。

　教学要求

知识要点	能力要求	关联知识
学习网站界面设计基础	掌握	图形图像基础及色彩设计
掌握网站界面的布局	掌握	图形图像基础及色彩设计、人机界面工具使用
掌握使用 Photoshop 设计网站界面效果图的基本方法	掌握	图形图像基础及色彩设计、人机界面工具使用

7.1　网站界面设计原则

7.1.1　总体规划

一个网站的制作由功能和界面两个部分构成,其中功能部分由后台程序及数据库系统构成,而界面部分则由界面图形及静态网页代码构成。对于现在的网站来说,这两个部分缺一不可。

从客户需求角度来说,设计出符合功能需求又满足大众审美的界面是界面设计人员需要掌握的基本能力。网页就像一扇窗户,和外界有着密切联系,能及时得到信息并解决用户问题。因此在网页设计中需要注意一些常见的问题。

(1) 将复杂的需求简单化设计:符合用户心理需求和头脑中的实际知识,不要盲目为了设计而设计;换位思考用户的实际运用,请相关用户进行评测;简化任务结构;注重图文结合,将单调的文字变化为易懂图形;采用标准的样式风格,增强阅读节奏感。

(2) 符合用户心理和实际操作:对于刚买的家用电器,许多用户不看用户手册就开始操作,即使用户手册写得非常明白,但也只是在遇到一些复杂操作时才翻阅相关操作说明。设计网站的时候也需要考虑到用户的这一特点。

(3) 注意网站易用性:充分考虑用户的需求,做到易用;预测用户的疑问,并给予解答,常见问题列表很重要,需要做到保持更新;了解用户习惯,从而达到最好的交互效果。

本章将以一个葡萄酒业公司的网站首页为实例,详细介绍该首页的策划、设计与制作过程。

7.1.2　色彩搭配

色彩的搭配只有遵循一定的规律才能使画面统一起来。网页配色也是一样,只有进行合理的配色,才能使网页的表达目的更具针对性。

1. 色彩的鲜明性

不同类型的网站具有自己鲜明的色彩属性。如党团性质的网站需要庄重的颜色,具有凝聚力的气氛,还需要有活泼的元素;而法治性质的网站需要严肃的颜色,如蓝色,设计风格上也要体现庄严;对于旅游性质的网站,则需要休闲、轻松、惬意的颜色来烘托。

2. 色彩的独特性

不同的色彩会使访客对 Web 产生不同的印象。以传达信息为主的色彩可以从商品本身来思考,突出商品的特征。如可口可乐包装上的红色及标志的白色,这两种主色调来组合可以传达商品的信息。另外,商品要有自己的企业标准色。

3. 色彩的适用性

大多数客户不会和设计师讨论网站的功能、框架、布局,但是一定会和设计师讨论网站色彩,因为色彩是大众的情感表达方式,即色彩和表达的内容气氛是否适合。

4. 色彩的联想性

不同色彩会使人产生不同的联想,如蓝色使人想到天空,红色使人想到火热等,选择色彩要和网页的内涵相关联。色彩与人的心里感觉和情绪也有一定的关系,利用这一点可以在设计网页时形成自己独特的色彩效果，给浏览者留下深刻的印象。一般情况下，各种色彩给人的感觉如下。

(1) 红色：热情、活泼、热闹、温暖、幸福、吉祥。

(2) 橙色：光明、华丽、兴奋、甜蜜、快乐。

(3) 黄色：明朗、愉快、高贵、希望。

(4) 绿色：新鲜、平静、和平、柔和、安逸、青春。

(5) 蓝色：深远、永恒、沉静、理智、诚实、寒冷。

(6) 紫色：优雅、高贵、魅力、自傲。

(7) 白色：纯洁、纯真、朴素、神圣、明快。

(8) 灰色：忧郁、消极、谦虚、平凡、沉默、中庸、寂寞。

(9) 黑色：崇高、坚实、严肃、刚健、粗莽。

因此在网页设计时，要根据网站所要突出的主题，通过联想设定网页的主色调之后再进行创作。

本章的实例是一个葡萄酒业公司的网站。根据内容很容易联想到葡萄酒的颜色及扩展的其他颜色。除了颜色的联想，根据行业性质，还能联想到的设计元素有葡萄酒的木桶、葡萄酒瓶、广袤的葡萄园、品酒图片等。

7.1.3 常用版面布局

由于网站是在网络技术和网络平台基础上进行展示的，受到技术层面的影响，它的最终表现不能像平面设计作品那样挥洒自如。基于 DIV+CSS 或表格技术的排版系统使网页表现产生了多种形式，经过 Web 设计师的探索，网页的形式和基本框架也产生了一些经典方案，这些方案是现在普遍使用的。

1. "T" 型结构

这种结构的大致布局是将网站的标识(Logo)放在左上角，导航在上部的中间占有大部分的位置，然后左边出现次级导航或者重要的提示信息，右边是页面主体，出现大量信息并通过合理的版块划分达到传达信息的目的。

由于此结构是符合传统的阅读规则的，按照从上到下、从左到右的顺序排列信息，因此访问者不需要花费更多的时间去适应，也让它成为了网络上 Web 设计的最基本结构之一。而之后衍变出来的所有排版设计形式也是由它发展而来的。

2. 左右平均分布型结构

这种结构的好处在于内容相对集中，并且将设计表现区域化，以强烈的视觉符号让访问者记忆深刻的同时，也保证信息的完整和浏览顺序。

3. 上下对照结构

现在流行"极简"设计思想，产生了更加直观的上下结构型布局。这类设计在页面内容的组织上，一般选取更加直接而质感强烈的图形和非常职业的文字排版，做到张弛有序。

本章结合实例需要设计的内容，将使用上下对照结构进行页面布局。

7.2 鑫金葡萄酒公司首页设计

7.2.1 鑫金葡萄酒公司首页方案

首页是一个网站的灵魂。打开一个网站，首先看到的就是首页内容，如果能够迅速抓住浏览者的眼球，使其能快速获取重要信息，那么这个首页就是成功的。

商业网站设计，其 60%的工作量都在于首页的设计。首页的设计元素会根据不同性质的网站及所需要呈现的不同内容而定。一般情况会包括网站标识(有时候会是企业标识)、广告语或标语、产品名录或服务内容、公司简介等。具体所需要的内容是与客户进行沟通后确定的，并不是所有设计元素都必须存在。

7.2.2 制作过程

本实例最终效果如图 7.1 所示。

图 7.1 最终设计效果图

1. 新建文件

打开 Photoshop CS4 软件，选择【菜单】|【新建】命令，新建页面。首页页面的大小为 1024×950 像素(宽×高)，分辨率为 72 像素/英寸，颜色模式为"RGB 颜色"，如图 7.2 所示。

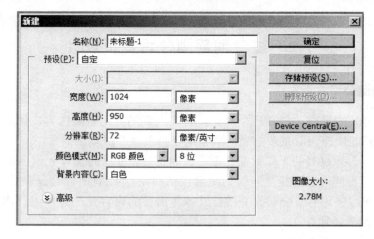

图 7.2　新建页面

2. 设置背景颜色

(1) 在工具栏中选择【前景色】命令，设置为"#900c0c"；选择【背景色】命令，设置为"#420708"。选择【径向渐变工具】命令，在【背景】层上拉出如图 7.3 所示的效果。

图 7.3　【背景】层效果图

(2) 如图 7.4 所示，双击【背景】层，如图 7.5 所示在弹出的【新建图层】对话框中单击【确定】按钮，将背景层转为【图层 0】，如图 7.6 所示。

图 7.4　【背景】层

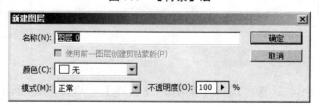

图 7.5　【新建图层】对话框

(3) 双击【图层 0】设置图层样式，如图 7.7 所示。

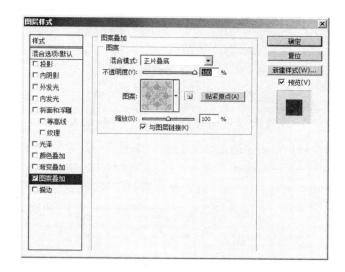

图 7.6　【图层 0】

图 7.7　设置【图层 0】图层样式

(4) 效果如图 7.8 所示。

图 7.8　【背景】层最终效果图

3. 绘制背景

(1) 绘制一个背景白色花纹图层，大小为 828×970 像素，设置图层样式如图 7.9 所示。

(2) 完成后的效果如图 7.10 所示。

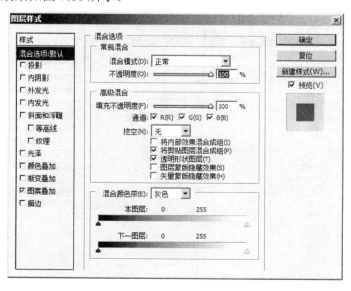

图 7.9　白色花纹图层样式

图 7.10　白色花纹图层效果图

4. 在页面顶部制作出登录条和导航效果

(1) 像素字的做法：使用"宋体"，字体大小为 12 或 14 像素，设置【消除锯齿的方法】为无，即可制作出像素字。在制作过程中，最好拉上辅助线，以确保各个网页元素之间的水平、垂直位置保持一致，也方便最后对图像的切割，如图 7.11 所示。

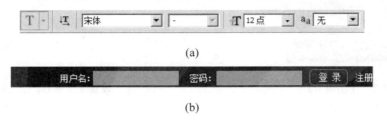

(a)

(b)

图 7.11　像素字的做法

(2) 导入图片素材，输入广告语之后的效果如图 7.12 所示。

图 7.12　导入图片素材

(3) 导航背景是一个渐变的矩形，宽度为 100%，高度为 200 像素。设置其渐变叠加图层样式如图 7.13 所示。

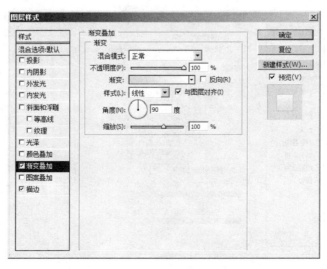

图 7.13　渐变叠加样式

描边样式如图 7.14 所示。

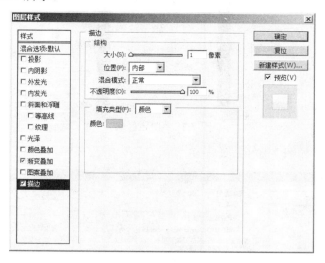

图 7.14　描边样式

(4) 输入导航文字，设置导航文字的图层样式，描边属性为白色的 1px，最后效果如图 7.15 所示。

(5) 选择【钢笔工具】命令，绘制一些辅助图案，填充白色后，根据图案的效果适当减低图层的不透明度，并调整图层的混合模式为"柔光"，效果如图 7.16 所示。

图 7.15　输入导航文字

图 7.16　绘制辅助图案

5. 制作图片轮换

导入一张准备好的葡萄园图片，进行裁剪后，调整图片的位置即可。由于图片轮换是由一组图片构成的，在网页代码编写的时候，还需要再准备一些大小相同的图片，以便达到图片轮换的效果。

根据网站效果，可以使用数字、符号或其他内容来表示图片轮换的切换效果，常用的图片轮换效果如图 7.17 所示。

图 7.17　常用的图片轮换效果

6. 网页主背景制作

(1) 拉出如图 7.18 所示的白色区域，添加一点杂色，并对白色区域所在图层设置图层样式。

图 7.18　白色区域

(2) 图层样式设置如图 7.19 所示。

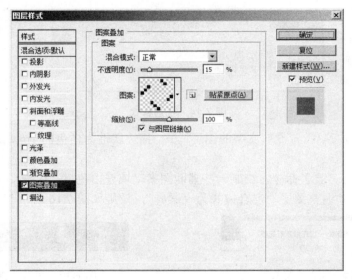

图 7.19　网页主背景图层样式

(3) 打开隐藏的图层，效果如图 7.20 所示。

图 7.20　网页主背景最终效果图

7. 栏目样式设计

(1) 在主体区域中，选择【矢量矩形工具】命令拉出各个栏目的框架大小，如图 7.21 所示。

图 7.21　各栏目的框架大小

(2) 为每块矢量矩形设置图层样式，如图 7.22 所示。

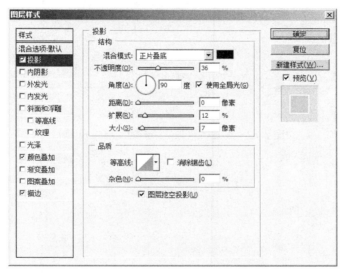

(a)

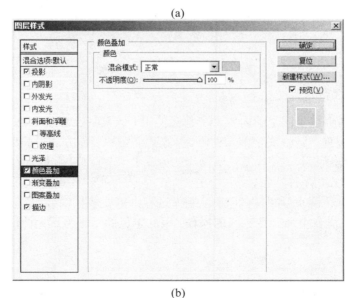

(b)

图 7.22　设置每块矢量矩形的图层样式

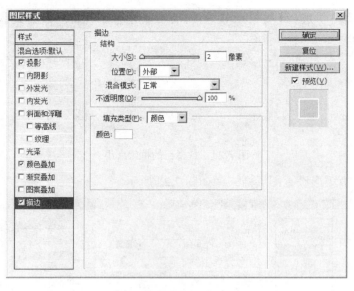

(c)

图 7.22　设置每块矢量矩形的图层样式(续)

(3) 设置完成后，最终效果如图 7.23 所示。

图 7.23　栏目样式最终效果图

8. 为栏目加上标题及内容文字

一般情况下，网页效果图上的内容文字都会使用"像素字"进行设置，这样看起来的效果会和最终网页上的效果一致，文字非常清晰。"像素字"的制作方法很简单，设置中文字体为"宋体"、12px 或 14px 大小，设置【消除锯齿的方法】为"无"即可。

最终效果如图 7.24 所示。

到此就完成了这个网页效果图的设计。制作过程中需要多拉辅助线，以精确定位到水平或垂直方向。由于网页制作会涉及像素级的操作，因此定位的精确为后期前端设计人员进行编码提高了效率。

图 7.24　为栏目加上文字

7.3　网站效果图赏析

(1) 妙味课堂(http://www.miaov.com/)：界面具有时尚气息，结构简单、线条流畅，颜色以红色为主，如图 7.25 所示。

图 7.25　"妙味课堂"首页

(2) PBS(http://www.pbs.org/wgbh/americanexperience/freedomriders/)：颜色以黄色、灰色为主，对比强烈，具有较强的视觉冲击力，结构紧凑，如图 7.26 所示。

图 7.26　PBS 首页

(3) WEBGENE(http://www.webgene.com.tw/#/Index)：以全站 Flash 交互为设计元素的站点，设计新颖、交互性强，如图 7.27 所示。

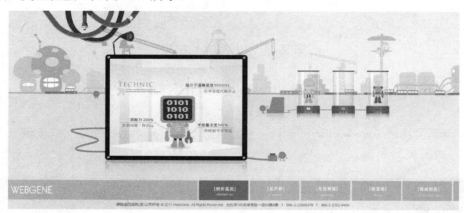

图 7.27　WEBGENE 首页

(4) 爱口秀英语培训(http://www.acusure.cn/)：绿色、白色对比强烈，全站 Flash 设计，交互性强，视觉上显现三维效果，如图 7.28 所示。

图 7.28　"爱口秀英语培训"首页

7.4　实训练习题

一、填空题

1. 网页界面设计中常用的版面布局有：＿＿＿＿＿＿、＿＿＿＿＿＿和＿＿＿＿＿＿3 种。
2. 现在主流网页的宽度是＿＿＿＿＿＿像素。

二、问答题

1. 网站的总体规划是什么？
2. 对于一个网站的界面设计，是不是越复杂越好？为什么？

三、设计题

根据本章所讲内容，设计一个自己的个人主页界面。

第**8**章　设计要素

教学目标

　　通过前面理论知识的学习、工具介绍和实践操作，读者应该能够较为熟练地运用软件设计出符合要求的界面了。本章重点介绍在设计中应该注意的一些问题，包括设计要素、设计禁忌、设计规范等。这些知识来自于软件设计中的用户体验，设计者需要从用户的角度出发，考虑不同对象的接收、适应等综合因素，然后再进行设计制作。

教学要求

知识要点	能力要求	关联知识
了解设计中的禁忌要素	了解	图形图像基础及色彩设计
掌握并运用设计中的基本原则	掌握	图形图像基础及色彩设计、人机界面工具的使用
了解什么是用户体验	了解	图形图像基础及色彩设计

8.1 需求分析中的界面设计

界面是人与物体接触的中间媒介环节，软件界面是人与计算机、手持设备之间的接触或交互媒介。用户通过软件界面来与设备进行信息交换。所以，软件界面的质量直接影响到应用的性能能否被充分发挥及用户能否准确、高效、愉快地工作。这些因素使得软件的友好性、易用性变得尤为重要。

1. 界面元素

通常，一个软件界面的元素包括界面主颜色、字体颜色、字体大小、界面布局、界面交互方式、界面功能分布及界面输入输出模式。其中对用户工作效率有着显著影响的元素包括输入输出方式、交互方式和功能分布。在使用命令式交互方式的系统中，命令名称、参数也是界面元素的内容，如何设计命令及参数的使用也很重要。影响用户对系统友好性评价的元素有颜色、字体大小、界面布局等，这些元素的划分不是绝对的。软件界面作为一个整体，其中任何一个元素不符合用户习惯、不满足用户要求，都将降低用户对软件的认可度，甚至影响用户的工作效率，更糟糕的是会使用户最终放弃使用该系统。

如何围绕界面元素进行设计，从而达到设计需要的目的，让最终用户能够获得良好的使用效果、提高的工作效率、易于操作的系统，就是界面设计的最终目的。

2. 用户角色

界面需求分析必须以用户为中心，不同于客观功能需求分析，其具有很大的主观性。界面设计人员可以通过惯例来进行设计，但是由于用户的文化背景、知识水平、个人喜好等主观因素的千差万别，其界面的需求相差也就很大，所以不同的用户对于界面的要求不尽相同，表达自己要求的方式也各具特点。除此之外，用户的界面要求通常不像业务需求那样容易、明确、有据可查，或可以利用专门的工具进行分析。多数用户往往并不能提出明确、全面的界面需求，其需求同用户自身主观因素联系紧密。

调查用户的界面需求时，必须先从调查用户自身的特征开始，将不同特征用户群体的要求进行综合处理，再有针对性地进行分析。

用户角色是指按照一定参考体系划分的用户类型，是能够代表某种用户特征、便于统一描述的众多用户个体的集合。用户调查的目的是通过调查分析用户特征，将每个不参与建立模型的单一用户归纳为集合，再将用户集合定义为角色模型，同时赋予不同的优先级别，了解并记录他们的界面需求。用户的需求调查和特征调查就是用户角色定义，两者通常会同时进行。调查的方法有很多种，如直接交流、资料统计、表格调查等。用户角色定义的原则是有代表性、与系统功能有关、并有利于界面的需求分析。一个用户角色可能包括大量的用户个体，他们对于界面的要求可以按照一定的界面模型进行定义。在一个软件系统中，用户角色定义时，所依据的体系可以多种多样，一个单一用户可以属于不同参考体系下的不同用户角色，但是一个用户角色要求能够代表一种界面需求类型。例如，收银员就是按照用户工作职位划分出来的一个用户角色，如果按照操作计算机的熟练程序，收银员角色中的系统用户又可以分为熟练用户和生疏用户。

定义用户角色是因为不同的用户在需求分析过程中的需求目标不同，侧重点也不同，甚至互相矛盾。在一个大型系统中，需求分析人员面对的用户只能是众多单一的用户个体。只有明确了用户角色，需求分析人员才能在纷乱复杂的用户要求中梳理出脉络，依据用户角色不同的优先级别，平衡众多用户需求中的矛盾，抽出完整的图形用户接口(Graphical User Interface, GUI)界面，最终完成用户界面的设计。

3. 需求调整

用户根据自己想象中的理想样式向分析开发人员提出自己的要求，开发方实现后会将草案交给用户，用户将实际目标系统同自己想象中的理想系统对比，同时目标系统的使用会刺激用户修正想象中的理想系统，然后提出新的需求。由于软件界面的评审因素同用户的心理状况、认识水平有很大关系，所以对软件界面，用户只有在使用过后才能知道是否符合自己的操作习惯，颜色、字体等界面元素是否满足要求，从而进一步提出更明确的要求。

4. 界面原型

由于在软件开发前期，用户的界面需求相对模糊，甚至没有自己的理想模型，所以用户提出的要求就很难量化，结果很容易被需求分析人员所忽略。因此，在用户角色定义完成后，应该在第一时间设计出用户界面，这样可以帮助用户尽快完善自己的理想模型。利用界面原型，需求分析人员可以将界面需求调查的周期尽量缩短，并尽可能满足用户的要求；利用界面原型，用户可以感性地认识到未来系统的界面风格及操作方式，从而迅速判断系统是否符合自己的预期要求，是否满足自己的操作习惯，是否能够满足自己工作的需要；需求分析人员可以利用界面原则诱导用户修正自己的理想系统，提出新的界面要求。这就是在实际设计中，获得用户需求后的设计人员一般都会给出一份界面效果图的原因。界面需求分析的结果应该是清晰、准确、符合用户习惯并满足人机工程学要求的界面设计方案，最终形成清晰的开发文档。

8.2 设计中的禁忌要素

8.2.1 颜色禁忌

不同的区域、不同的民族，由于风俗习惯、宗教信仰的不同，对于色彩会有不同的喜好和禁忌。在世界交流如此广泛的现代社会，为了避免在设计中出现不必要的尴尬，人们必须了解各个地方对颜色的不同理解，对于打入国际市场的产品，更要考虑不同国家或民族对色彩的喜好。进行商业设计时，设计者应根据世界各国的生活习俗，选择适宜的色彩。下面列出了世界各国的颜色喜好与禁忌。

(1) 巴西：以紫色为悲伤，暗茶色为不祥之兆。

(2) 丹麦：视红、白、蓝色为吉祥色。

(3) 日本：忌绿色，喜红色。

(4) 美国：喜欢鲜明的色彩，忌用紫色。

(5) 蒙古：厌恶黑色。

(6) 印度：红色表示生命力、活跃、狂热。绿色意味着真理，而且表示对知识的追求，还意味着和平与希望。黄色代表太阳的颜色，表示华丽、光辉。紫色是使人心情沉静的色彩，但同时也会使人联想到悲哀。

(7) 缅甸：最喜欢纯色。佛教的僧服是葵黄色，它是唯一带有宗教意义的颜色。

(8) 斯里兰卡：红色、绿色具有重要的政治意义。

(9) 马来西亚：绿色通常具有宗教意义，但也可以使用在商业上。黄色代表伊斯兰教君主的颜色。马来西亚人绝对不穿黄色的衣服，甚至居住在马来西亚的中国人也回避黄色。

(10) 菲律宾：他们喜爱的颜色按顺序是红色、绿色、蓝色、深紫色、橙色、黄色。尤其是鲜明的红色和黄色，很受住在菲律宾群岛的当地人喜爱。

(11) 泰国：特别喜爱纯色，从服装到做广告，都喜欢使用纯色。泰国人普遍喜欢红色、白色、蓝色。黄色是象征泰国王位的颜色。按他们的生活习惯，至今仍流行着传统的"星期色"：星期日——红色；星期一——黄色；星期二——粉红色；星期三——绿色；星期四——橙色；星期五——浅蓝色；星期六——浅紫色。

(12) 埃及：一般说来，埃及人最喜欢的颜色是绿色，而没有受过教育的人，大多相信蓝色避邪。埃及人在传统上对原色有特殊的爱好，常把以下 3 种颜色配合起来使用：红、黄、蓝；红、蓝、白；深红、浅黄、白；深蓝、浅蓝、白；蓝、纯黄、黑。

(13) 伊拉克：最喜欢的颜色是伊斯兰教徒喜欢的绿色和黑色。在伊拉克，所有外事接待机构都使用红色作标记，警车用灰色。另外，在服丧期间，伊拉克人都要穿深蓝色的衣服。由于国旗的橄榄绿色带有图腾的意识，所以他们在商业上回避使用这种颜色。

(14) 以色列：非常喜欢白色和天蓝色，但在商业上不使用这些颜色。黄色在以色列是被看做不吉祥的象征，受到人们的憎恶。在犹太教中，神圣的颜色是红、蓝、紫、白色。对基督教来说，绿色比蓝色的涵义更深。在希伯来人和基督教的传统中，色彩象征主义至今仍受到赞美：蓝色主要代表上帝(万物的主宰者)的颜色；绿色代表信仰、永生、冥想；复活节时使用的绿色象征耶稣复活；浅绿色象征洗礼。

(15) 巴基斯坦：一般喜欢纯色。国旗的翠绿色是最受巴基斯坦人喜爱的通用颜色。由于宗教和偏见，黄色特别不受欢迎。

(16) 叙利亚：黄色是象征死亡的颜色，伊斯兰教信仰者非常讨厌它。叙利亚人喜欢的颜色，按顺序排是蓝色、红色、绿色。

(17) 摩洛哥王国：摩洛哥东部地区的人民特别喜欢红色和黄色；西部地区的人民对这两种颜色却怀有很深的偏见。

(18) 突尼斯：一个伊斯兰教国家，因此特别喜欢绿色，其次是白色和红色。白色和蓝色很受该国犹太族喜爱。

(19) 土耳其：一般喜欢绿色。

(20) 德国：由于政治上的原因，对下几种颜色特有偏见，如特别讨厌茶色、黑色、深蓝色的衬衫和红色领带。一般人喜爱纯色系颜色，尤其是南部人比北部人更喜欢纯色。

(21) 荷兰：喜欢橙色和蓝色，特别是橙色，在人民的节日里被广泛使用。橙色和蓝色代表国家的色彩。

(22) 法国：视鲜艳色彩为高贵，备受欢迎；对发绿色的衣料却非常反感。

(23) 爱尔兰：传统的荷兰紫云英(爱尔兰国花)的绿色，是人们最喜欢的颜色。一般来说，强烈的色彩比中间色受人喜爱，他们讨厌橘黄色。在古爱尔兰象征方位的颜色是黑(北)、白(南)、紫(东)、深褐(西)。

(24) 奥地利：绿色象征美丽的国土，是人们喜欢的颜色。

(25) 意大利：喜绿色，视紫色为消极色彩，服装、化妆品以及高级的包装喜好用浅淡色彩，食品和玩具喜好用鲜明色彩。

总的来说，对于颜色的使用并不是一件简单的事，应该考虑使用者的人文、历史等背景；还要考虑使用者对于界面使用的时效性，如对于长时间使用的界面，在颜色的选择上，应该使用那些不易使人疲劳的颜色。

8.2.2 版式原则

版式设计本身并不是目的，设计是为了更好地传播客户信息的一种手段。一个成功的版式构成，首先必须明确客户的目的，并深入去了解、观察、研究与设计有关的细节。

1. 主题鲜明突出

版式设计使版面产生清晰条理性，用悦目的组织来更好地突出主题，最终达成最佳的用户效果。本原则有助于设计者对版面的注意，增强对内容的理解。要使版式获得良好的诱导效果、鲜明地突出主题，可以通过版面的空间层次、主从关系、视觉秩序及彼此间的逻辑条理性的把握与运用来实现：按照主从关系的顺序，使放大的主体形象成为视觉中心，以此来表达主题思想；将文案中多种信息整体编排设计，有助于主体形象的建立；在主体形象四周增加留白，使被强调的主题形象更加鲜明突出。

2. 形式与内容统一

版式设计所追求的完美必须符合主题思想，这是版式设计的前提。只讲完美的表现形式而脱离内容，只求内容而没有艺术的表现，版式设计都会变得空洞与刻板，也就会失去版式设计的意义。只有将其两者统一，由设计者深入领会主题的思想精神，再融合自己的思想感情，找到一个符合两者的完美表现形式，版面设计才会体现出它独特的分量和特有的价值。

3. 强化整体布局

将版式中各种编排要素在编排结构及色彩上做整体设计。当图片与文字较少时，则需要以周密的组织和定位来获得版式的秩序。如何获得版面的整体性？这可以从加强整体的结构组织和方向视觉秩序，如水平结构、垂直结构等方面考虑；加强文案的集合性，将文案中多种信息组合成块状，使版式具有条理性。

4. 网页版式

网页版式的基本类型主要有骨骼型、满版型、分割型、中轴型、曲线型、倾斜型、对称型、焦点型、三角型、自由型等。

(1) 骨骼型：网页版式的骨骼型是一种规范的、理性的分割方法，类似于报刊的版式。常见的骨骼有竖向通栏、双栏、三栏、四栏和横向的通栏、双栏、三栏和四栏等，一般以竖向分栏居多。这种版式给人以和谐、理性的美。几种分栏方式结合使用，既理性、有条理，又活泼而富有弹性，如图 8.1 所示。

图 8.1　骨骼型

(2) 满版型：页面以图像充满整版，主要以图像为诉求点，也可将部分文字压置于图像之上，视觉传达效果直观而强烈。满版型给人以舒展、大方的感觉，缺点是图片或动画较大，加载速度较慢，但随着宽带的普及，这种版式在网页设计中的运用越来越广泛，如图 8.2 所示。

图 8.2　满版型

(3) 分割型：将整个页面分成上下或左右两部分，分别安排图片和文案。两个部分形成对比，图片部分感性而活力，文案部分则理性而平静。可以通过调整图片和文案所占的面积来调节对比的强弱。例如，如果图片所占比例过大，文案使用的字体过于纤细，字距、行距、段落的安排又很疏落，则造成视觉心理的不平衡，显得生硬。倘若通过文字或图片将分割线虚化处理，就会产生自然和谐的效果，如图 8.3 所示。

图 8.3　分割型

(4) 中轴型：沿浏览器窗口的中轴将图片或文字作水平或垂直方向的排列。水平排列的页面给人稳定、平静、含蓄的感觉，垂直排列的页面给人舒畅的感觉，如图 8.4 所示。

图 8.4　中轴型

(5) 曲线型：图片、文字在页面上作曲线的分割或编排构成，产生节奏和韵律感，如图 8.5 所示。

图 8.5　曲线型

（6）倾斜型：页面主题形象或多幅图片、文字作倾斜编排，形成不稳定感或强烈的动感，引人注目，如图 8.6 所示。

图 8.6　倾斜型

（7）对称型：这种页面给人稳定、严谨、庄重的感受。对称分为绝对对称和相对对称。一般采用相对对称的手法，以避免呆板，其中左右对称的页面版式比较常见，如图 8.7 所示。

图 8.7　对称型

（8）焦点型：这种页面中的版式通过对视线的诱导，使页面具有强烈的视觉效果，如图 8.8 所示。

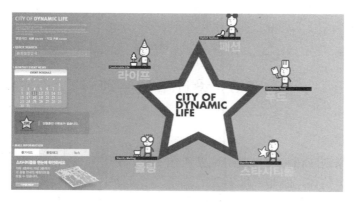

图 8.8　焦点型

(9) 三角型：网页中各视觉元素呈三角形排列。正三角形最具稳定性；倒三角形则产生动感；侧三角形构成一种均衡版式，既安定又动感，如图 8.9 所示。

图 8.9　三角型

(10) 自由型：这种页面具有活泼、轻快的风格，不受局限。其引导视线的图片以散点构成，传达随意且轻松的气氛，如图 8.10 所示。

图 8.10　自由型

8.3　设计中的原则

8.3.1　紧凑原则

设计中的紧凑原则应该将项目成组地摆放在一起，使所有相关元素彼此靠近，以便相关的项目看起来更像一个整体，而非一堆无关的部分。在设计中，如果将图标、文字、其他元素距离拉得很远，甚至充满整个空间，占据页面的大部分空间，看似能够节约空间达到避免浪费的效果，实际上，当元素散布到各处时，页面会呈现出一种松散、无组织的状态，并且信息不能立即明了地传达给用户。

当几个信息元素彼此相邻时，它们会成为一个视觉统一而非数个独立的元素。简单的紧凑原则通过将信息分成合理的组，可以使设计内容更容易被查找到。有条理的合理板块会使用户查找信息更方便。紧凑原则的基本用途就是组织对象，留意用户视线所停留的部分、哪些内容能够引起用户的注意。

应该注意的是，不要因为有空间就将东西堆放在角落或者堆放在中间；尽量不要在同一个页面上放置过多的独立元素；对于留白，要尽量有层次感，不能对所有留白都采用同样的标准；避免出现设计元素中无法区分内容层次的设计，如无法区分大标题、子标题、图片文字说明等；如果不能相关联的内容，那它就是独立的，应该将其分离开来。

8.3.2　对齐原则

对齐原则需要设计者在页面上不能随意放置东西，每一项都应该与页面上的其他各项建立视觉上的联系。所谓对齐，在水平方向上不外乎有左对齐、居中对齐和右对齐，还有一种对齐叫分散对齐；在垂直方向上有顶部对齐、中间对齐和底部对齐。这些对齐使得设计变得有条理，设计者不能随意将东西堆放在页面上，否则看起来很零乱，会显得没有层次感。在页面上使用对齐之后，各元素会形成一个具有凝聚力的单元。即使所设计的元素看似相互分离，但实际上通过对齐，仍存在一条基准线将它们连接起来，从视觉和意识上给用户一个整体的感觉。

8.3.3　重复原则

重复原则要求设计者遵循在整个作品中重复设计某些部分。重复的元素可以是粗字体、粗线条、特定的项目符号、颜色、设计图案，特定的风格或空间等。这些重复的元素能够使读者从视觉上感知到设计的意图。

重复原则在应用上其实很简单，将标题设置为同样的大小、粗细，为每一个页面添加页眉页脚，对某一设计的每一项列表使用统一的项目符号，这些都是使用了重复原则。需要设计者注意的只有一点，就是将这些简单的观念进行深化，将不引人注意的重复转变为设计的视觉关键因素。

重复可以理解为一致性，即对于同一内容的设计，制作相同风格的样式，是设计者对一项设计的同一内容进行有意识的统一。例如，广受推崇的企业形象 VIS（Visual IdentifySystem，视觉识别系统）就是在为品牌策划一个统一的视觉识别体系，以达到通过视觉观察就能很好地分辨并认知该企业品牌的目的，达到统一的广告效应。如看到肯德基那个和蔼可亲的老头形象，七匹狼品牌那只奔跑的狼的形象等。通过广告的宣传，使人们通过标识的识别就能识别出品牌的形象。这些成功的元素大量、重复的使用在各种公众场合，以达到更好的广告效应。

8.3.4　对比原则

对比原则是为页面增加视觉吸引力，以便于让阅读者对设计作品产生浓厚的兴趣的一种有效方式。对比原则能在不同的元素中构建起一个有组织的层次关系。要想充分发挥对比原则的作用，就应当在设计中使用对比原则，则会变得明显，能更吸引阅读者。

将两个不同的元素放在一起就产生了对比。如果这两个元素只是稍微有一点不同，那么就不存在对比和冲突。设计的时候应该大胆尝试，如果两个元素不是完全相似，那么就让它们变得不同。

可以通过很多具体的方式来实现对比。如可以创建字体大小、粗细的对比；细线条与粗线条之间的对比；冷色与暖色之间的对比；水平元素与垂直元素之间的对比；宽间距与窄间距的行间对比；大图与小图之间的对比等。

8.3.5　一般适用原则

(1) 在界面设计中需要确定一致的原则和规范，以保证系统界面的统一。对于用户的各种操作，要尽可能地以最直接、最形象、最易于理解的方式呈现在用户面前。对于操作方式，直接单击使用率高于右键操作，文字表示高于图表示意。所以在设计界面的时候，要尽可能地符合用户对类似系统操作的识别习惯，一切设计都为了方便用户并符合用户的使用习惯。

(2) 符合用户习惯还包括达到实现目标功能的最少操作步数原则、鼠标最短距离移动原则等。为了方便用户尽快熟悉系统，需要尽可能地提供向导性质的操作流程。在许多界面设计好的游戏里面，可以看到为了使玩家尽快熟悉并适应游戏环境，游戏中都有向导性的任务操作，通过文字或图像提示，一步一步提供向导性质的操作流程，使玩家在最短时间内熟悉游戏操作，如图 8.11 所示。向导界面无处不在，除了在安装软件的时候起引导作用外，在实际软件使用的过程中，一定的提示信息使得软件更具备人性化。

图 8.11　游戏中的任务向导界面

(3) 实时帮助原则可以帮助用户随时随地反映问题，以便达到高效、及时地解决用户疑难问题的目的。在互联网普及率如此之高的今天，在线帮助的实现已在各种大型软件中体现出来，并且越来越得到用户的认可。可以说，人们的生活越来越离不开互联网，几乎能想到的问题大都能在网络上搜索得到；即便没有，也可以通过各种在线提问形式求得。网络的及时、高效以及对资料的调配可以使人们得到更多的便利。

(4) 提供自定义功能，这是界面人性化的一个重要体现。对于软件换色、换肤、换常用功能显示等，大家都不陌生了，尤其对于数码产品，很多用户就是以人性化的软件配置作为选择数码产品的标准，通过对已经确定的常规操作及软件的各种可变设置进行符合用户自身习惯的自定义设置，包括常规操作、界面排版、界面样式等定义。

(5) 版式设计上，排版要求整齐划一，尽可能划分不同的功能区域于固定位置，方便于用户导航使用；排版上注意留白，避免过于密集的版式使用户产生疲劳感。对于常规界面一定要参考现有经典排版的设计，不要想当然地去进行不符合用户习惯的设计。因为用户在长期的使用过程中已经形成了一定的使用习惯，如果重新进行一种全新的版式设计，会使用户消耗很长时间去适用学习，这种消耗有时候是致命的，严重的会使设计者彻底失去这些用户。

8.3.6 Web 适用原则

针对网页的适用原则，需要考虑网络的特定因素。由于 Web 的网络特性，在设计中应该尽可能减小每个页面的加载时间，降低图片文件的大小和数量。虽然现在的互联网早已不像刚开始普及的那样，但是由于手持设备的网络应用越来越受到人们的喜欢，所以在设计中不得不考虑这方面的因素。设计者应该尽可能加快加载速度，以方便用户体验。除了速度，屏幕显示也是需要考虑的 Web 适用原则，需要设计尽量适合各种屏幕分辨率的 Web 页面，甚至需要考虑到手持设备，进行合理显示。还要考虑由于各种不同品牌的浏览器或同品牌浏览器不同版本之间的兼容性问题，这是现在不可避免的问题。由于历史或利益问题，各浏览器开发商之间还没有完全按照统一的标准进行浏览器的开发，导致各种浏览器对网页的解析都有差异，使得设计者在网站设计制作过程中必须面对兼容性问题，如图 8.12～图 8.15 所示。

图 8.12 腾讯首页在 IE6 下的显示效果

图 8.13 　腾讯首页在 IE7 下的显示效果

图 8.14 　腾讯首页在 IE8 下的显示效果

图 8.15　腾讯首页在 Firefox 3.5 下的显示效果

对于 Web 适用原则，还应该注意尽可能地减少垂直方向滚动，尽量不超过两屏。这种用户体验在国内提倡的较少，随便进入哪个大型门户网站，都可以看到较长的垂直滚动条，有的甚至有四五屏之多。这些现象在国外的网站设计中较为少见。至于水平滚动条，尽可能不要出现。由于现在的主流显示器都是宽屏了，在设计中应该尽量将网站置于中间位置，以适应不同屏幕的显示器浏览。

8.4　设计中的用户体验

用户体验(User Experience，UX 或 UE)是一种纯主观的在用户使用一个产品或服务的过程中建立起来的心理感受。因为它是纯主观的，所以带有一定的不确定因素。用户群体中的个体差异也决定了每个用户的真实体验是无法通过其他途径来完全模拟或再现的。但是对于一个界定明确的用户群体来说，其用户体验的共性是能够经由良好设计的实验来认识到的。计算机技术和互联网的发展使得技术创新形态正在发生转变，以用户为中心、以人为本越来越受到重视，用户体验也因此成为各大企业所考虑的因素。

用户体验设计的目标最重要的是让产品有用处，这个有用是指要符合用户的需求。苹果自 20 世纪 90 年代以来，第一款 PDA 手机叫牛顿，是非常失败的一个案例。在那个年代，很多人并没有 PDA 的需求，苹果将 90%以上的投资投放到 1%的市场份额上，所以失败是必然的。其次是易用性，使用体验太差的产品或服务不会受到用户的青睐。就像购买手机，市场上的手机品牌名目繁多，每一个手机都有好几十种功能，当用户需要购买手机的时候，不知道手机里的功能怎么去用，几十种功能中常用的功能就五六个。如果不能理解产品对用户有什么用处，用户可能就不会去购买这种产品。所以在设计产品或服务的时候，要让用户一看就知道怎么用，而不是每项都要阅读说明书。

用户体验还体现在设计的友好性上。不管是界面图标、布局习惯，还是交互时候的语言文字都应该仔细斟酌。例如，最早的时候用户加入百度联盟，申请批准后，百度会发送这样一个邮件：百度已经批准你加入百度联盟。"批准"这个词汇让人很难接受。考虑到用户体验、界面的友好度，现已改为：祝贺你成为百度联盟的会员。文字上的改进，让用户寻找到了一种归属感，大大提高了界面的友好度。

8.5 实训练习题

一、填空题

1. 版式设计中的原则包括：＿＿＿＿＿＿＿、＿＿＿＿＿＿＿、＿＿＿＿＿＿＿、＿＿＿＿＿＿＿、＿＿＿＿＿＿＿和 Web 适用原则。

2. ＿＿＿＿＿＿＿＿(User Experience，UX 或 UE)是一种纯主观的在用户使用一个产品或服务的过程中建立起来的心理感受。

二、问答题

1. 讨论什么是用户体验？举出一个你所发现的不友好的界面设计，并提出改进意见。

2. 讨论网络上流行的开心农场(http://www.kaixin001.com/)和 QQ 农场(可通过 QQ 空间或 QQ 校友登录)两个不同品牌的相同产品的相似与不同之处；从用户角度，找出两个品牌之间更利于用户体验的地方。

三、设计题

应用本章所介绍的设计原则，设计一个简单的名片版式。

参 考 文 献

[1] 罗仕鉴，朱上上，孙守迁. 人机界面设计[M]. 北京：机械工业出版社，2002.

[2] 李方园. 人机界面设计与应用[M]. 北京：化学工业出版社，2008.

[3] 霍克曼. 瞬间之美：Web 界面设计如何让用户心动[M]. 北京：人民邮电出版社，2009.

[4] 唐乾林. 网站界面设计案例教程[M]. 北京：机械工业出版社，2009.

[5] 布托. 用户界面设计指南[M]. 北京：机械工业出版社，2008.

[6] 周苏，左伍衡，王文，等. 人机界面设计[M]. 北京：科学出版社，2007.

[7] 徐刚. Windows 用户界面设计与优化策略[M]. 北京：人民邮电出版社，2005.

[8] [美]杰弗·约翰逊. GUI 设计禁忌：程序员和网页设计师界面设计必读[M]. 王蔓，刘耀明等译.
北京：机械工业出版社，2005.

[9] 陈启安. 软件人机界面设计[M]. 北京：高等教育出版社，2008.

[10] [美]杰弗·约翰逊. GUI 设计禁忌 2.0[M]. 盛海艳译. 北京：机械工业出版社，2008.

[11] [美] Jesse James Garrett. 用户体验的要素：以用户为中心的 web 设计[M]. 范晓燕译. 北京：机械
工业出版社，2008.

[12] Adobe 专家委员会，DDV 传媒. Adobe Photoshop CS4 基础培训教材[M]. 北京：人民邮电出版社，
2010.

[13] 张丕军，等. 新编中文版 Photoshop CS4 标准教程[M]. 北京：海洋出版社，2009.

[14] 李金荣，李金明. 突破平面：Illustrator CS2 设计与制作深度剖析[M]. 北京：清华大学出版社，2007.

[15] 史宇宏，肖玉坤，等. Illustrator 插画与包装设计循序渐进 400 例[M]. 北京：清华大学出版社，2007.

[16] 览众，张继军. Illustrator CS2 中文版商业案例精粹[M]. 北京：电子工业出版社，2007.

[17] 唐乾林. 网站界面设计案例教程[M]. 北京：机械工业出版社，2009.

[18] 王志强，李延红. 多媒体技术及应用[M]. 北京：清华大学出版社，2004.

[19] [美]Robin Williams. 写给大家看的设计书[M]. 苏金国，刘亮译. 北京：人民邮电出版社，2009.

全国高职高专计算机、电子商务系列教材推荐书目

【语言编程与算法类】

序号	书号	书名	作者	定价	出版日期	配套情况
1	978-7-301-13632-4	单片机 C 语言程序设计教程与实训	张秀国	25	2011	课件
2	978-7-301-15476-2	C 语言程序设计(第 2 版)(2010 年度高职高专计算机类专业优秀教材)	刘迎春	32	2011	课件、代码
3	978-7-301-14463-3	C 语言程序设计案例教程	徐翠霞	28	2008	课件、代码、答案
4	978-7-301-16878-3	C 语言程序设计上机指导与同步训练(第 2 版)	刘迎春	30	2010	课件、代码
5	978-7-301-17337-4	C 语言程序设计经典案例教程	韦良芬	28	2010	课件、代码、答案
6	978-7-301-09598-0	Java 程序设计教程与实训	许文宪	23	2010	课件、答案
7	978-7-301-13570-9	Java 程序设计案例教程	徐翠霞	33	2008	课件、代码、习题答案
8	978-7-301-13997-4	Java 程序设计与应用开发案例教程	汪志达	28	2008	课件、代码、答案
9	978-7-301-10440-8	Visual Basic 程序设计教程与实训	康丽军	28	2010	课件、代码、答案
10	978-7-301-15618-6	Visual Basic 2005 程序设计案例教程	靳广斌	33	2009	课件、代码、答案
11	978-7-301-17437-1	Visual Basic 程序设计案例教程	严学道	27	2010	课件、代码、答案
12	978-7-301-09698-7	Visual C++6.0 程序设计教程与实训(第 2 版)	王 丰	23	2009	课件、代码、答案
13	978-7-301-15669-8	Visual C++程序设计技能教程与实训——OOP、GUI 与 Web 开发	聂 明	36	2009	课件
14	978-7-301-13319-4	C#程序设计基础教程与实训	陈 广	36	2011	课件、代码、视频、答案
15	978-7-301-14672-9	C#面向对象程序设计案例教程	陈向东	28	2011	课件、代码、答案
16	978-7-301-16935-3	C#程序设计项目教程	宋桂岭	26	2010	课件
17	978-7-301-15519-6	软件工程与项目管理案例教程	刘新航	28	2011	课件、答案
18	978-7-301-12409-3	数据结构(C 语言版)	夏 燕	28	2011	课件、代码、答案
19	978-7-301-14475-6	数据结构(C#语言描述)	陈 广	28	2009	课件、代码、答案
20	978-7-301-14463-3	数据结构案例教程(C 语言版)	徐翠霞	28	2009	课件、代码、答案
21	978-7-301-18800-2	Java 面向对象项目化教程	张雪松	33	2011	课件、代码、答案
22	978-7-301-18947-4	JSP 应用项目化教程	王志勃	26	2011	课件、代码、答案
23	978-7-301-19821-6	运用 JSP 开发 Web 系统	涂 刚	34	2012	课件、代码、答案
24	978-7-301-19890-2	嵌入式 C 程序设计	冯 刚	29	2012	课件、代码、答案
25	978-7-301-19801-8	数据结构及应用	朱 珍	28	2012	课件、代码、答案
26	978-7-301-19940-4	C#项目开发教程	徐 超	34	2012	课件
27	978-7-301-15232-4	Java 基础案例教程	陈文兰	26	2009	课件、代码、答案
28	978-7-301-20542-6	基于项目开发的 C#程序设计	李 娟	32	2012	课件、代码、答案

【网络技术与硬件及操作系统类】

序号	书号	书名	作者	定价	出版日期	配套情况
1	978-7-301-14084-0	计算机网络安全案例教程	陈 昶	30	2008	课件
2	978-7-301-16877-6	网络安全基础教程与实训(第 2 版)	尹少平	30	2011	课件、素材、答案
3	978-7-301-13641-6	计算机网络技术案例教程	赵艳玲	28	2008	课件
4	978-7-301-18564-3	计算机网络技术案例教程	宁芳露	35	2011	课件、习题答案
5	978-7-301-10226-8	计算机网络技术基础	杨瑞良	28	2011	课件
6	978-7-301-10290-9	计算机网络技术基础教程与实训	桂海进	28	2010	课件、答案
7	978-7-301-10887-1	计算机网络安全技术	王其良	28	2011	课件、答案
8	978-7-301-12325-6	网络维护与安全技术教程与实训	韩最蛟	32	2010	课件、习题答案
9	978-7-301-09635-2	网络互联及路由器技术教程与实训(第 2 版)	宁芳露	27	2010	课件、答案
10	978-7-301-15466-3	综合布线技术教程与实训(第 2 版)	刘省贤	36	2011	课件、习题答案
11	978-7-301-15432-8	计算机组装与维护(第 2 版)	肖玉朝	26	2009	课件、习题答案
12	978-7-301-14673-6	计算机组装与维护案例教程	谭 宁	33	2009	课件、习题答案
13	978-7-301-13320-0	计算机硬件组装和评测及数码产品评测教程	周 奇	36	2008	课件
14	978-7-301-12345-4	微型计算机组成原理教程与实训	刘辉珞	22	2008	课件、习题答案
15	978-7-301-16736-6	Linux 系统管理与维护(江苏省级精品课程)	王秀平	29	2010	课件、习题答案
16	978-7-301-10175-9	计算机操作系统原理教程与实训	周 峰	22	2010	课件、答案
17	978-7-301-16047-3	Windows 服务器维护与管理教程与实训(第 2 版)	鞠光明	33	2010	课件、答案
18	978-7-301-14476-3	Windows2003 维护与管理技能教程	王 伟	29	2009	课件、习题答案
19	978-7-301-18472-1	Windows Server 2003 服务器配置与管理情境教程	顾红燕	24	2011	课件、习题答案

【网页设计与网站建设类】

序号	书号	书名	作者	定价	出版日期	配套情况
1	978-7-301-15725-1	网页设计与制作案例教程	杨森香	34	2011	课件、素材、答案
2	978-7-301-15086-3	网页设计与制作教程与实训(第 2 版)	于巧娥	30	2011	课件、素材、答案

序号	书号	书名	作者	定价	出版日期	配套情况
3	978-7-301-13472-0	网页设计案例教程	张兴科	30	2009	课件
4	978-7-301-17091-5	网页设计与制作综合实例教程	姜春莲	38	2010	课件、素材、答案
5	978-7-301-16854-7	Dreamweaver 网页设计与制作案例教程(2010 年度高职高专计算机类专业优秀教材)	吴 鹏	41	2012	课件、素材、答案
6	978-7-301-11522-0	ASP .NET 程序设计教程与实训(C#版)	方明清	29	2009	课件、素材、答案
7	978-7-301-13679-9	ASP .NET 动态网页设计案例教程(C#版)	冯 涛	30	2010	课件、素材、答案
8	978-7-301-10226-8	ASP 程序设计教程与实训	吴 鹏	27	2011	课件、素材、答案
9	978-7-301-13571-6	网站色彩与构图案例教程	唐一鹏	40	2008	课件、素材、答案
10	978-7-301-16706-9	网站规划建设与管理维护教程与实训(第 2 版)	王春红	32	2011	课件、答案
11	978-7-301-17175-2	网站建设与管理案例教程(山东省精品课程)	徐洪祥	28	2010	课件、素材、答案
12	978-7-301-17736-5	.NET 桌面应用程序开发教程	黄 河	30	2010	课件、素材、答案
13	978-7-301-19846-9	ASP .NET Web 应用案例教程	于 洋	26	2012	课件、素材
14	978-7-301-20565-5	ASP.NET 动态网站开发	崔 宁	30	2012	课件、素材、答案
15	978-7-301-20634-8	网页设计与制作基础	徐文平	28	2012	课件、素材、答案
16	978-7-301-20659-1	人机界面设计	张 丽	25	2012	课件、素材、答案
	【图形图像与多媒体类】					
序号	书号	书名	作者	定价	出版日期	配套情况
1	978-7-301-09592-8	图像处理技术教程与实训(Photoshop 版)	夏 燕	28	2010	课件、素材、答案
2	978-7-301-14670-5	Photoshop CS3 图形图像处理案例教程	洪 光	32	2010	课件、素材、答案
3	978-7-301-12589-2	Flash 8.0 动画设计案例教程	伍福军	29	2009	课件
4	978-7-301-13119-0	Flash CS 3 平面动画案例教程与实训	田启明	36	2008	课件
5	978-7-301-13568-6	Flash CS3 动画制作案例教程	俞 欣	25	2011	课件、素材、答案
6	978-7-301-15368-0	3ds max 三维动画设计技能教程	王艳芳	28	2009	课件
7	978-7-301-10444-6	多媒体技术与应用教程与实训	周承芳	32	2011	课件
8	978-7-301-17136-3	Photoshop 案例教程	沈道云	25	2011	课件、素材、视频
9	978-7-301-19304-4	多媒体技术与应用案例教程	刘辉珞	34	2011	课件、素材、答案
10	978-7-301-20685-0	Photoshop CS5 项目教程	高晓黎	36	2012	课件、素材
	【数据库类】					
序号	书号	书名	作者	定价	出版日期	配套情况
1	978-7-301-10289-3	数据库原理与应用教程(Visual FoxPro 版)	罗 毅	30	2010	课件
2	978-7-301-13321-7	数据库原理及应用 SQL Server 版	武洪萍	30	2010	课件、素材、答案
3	978-7-301-13663-8	数据库原理及应用案例教程(SQL Server 版)	胡锦丽	40	2010	课件、素材、答案
4	978-7-301-16900-1	数据库原理及应用(SQL Server 2008 版)	马桂婷	31	2011	课件、素材、答案
5	978-7-301-15533-2	SQL Server 数据库管理与开发教程与实训(第 2 版)	杜兆将	32	2010	课件、素材、答案
6	978-7-301-13315-6	SQL Server 2005 数据库基础及应用技术教程与实训	周 奇	34	2011	课件
7	978-7-301-15588-2	SQL Server 2005 数据库原理与应用案例教程	李 军	27	2009	课件
8	978-7-301-16901-8	SQL Server 2005 数据库系统应用开发技能教程	王 伟	28	2010	课件
9	978-7-301-17174-5	SQL Server 数据库实例教程	汤承林	38	2010	课件、习题答案
10	978-7-301-17196-7	SQL Server 数据库基础与应用	贾艳宇	39	2010	课件、习题答案
11	978-7-301-17605-4	SQL Server 2005 应用教程	梁庆枫	25	2010	课件、习题答案
	【电子商务类】					
序号	书号	书名	作者	定价	出版日期	配套情况
1	978-7-301-10880-2	电子商务网站设计与管理	沈凤池	32	2011	课件
2	978-7-301-12344-7	电子商务物流基础与实务	邓之宏	38	2010	课件、习题答案
3	978-7-301-12474-1	电子商务原理	王 震	34	2008	课件
4	978-7-301-12346-1	电子商务案例教程	龚 民	24	2010	课件、习题答案
5	978-7-301-12320-1	网络营销基础与应用	张冠凤	28	2008	课件、习题答案
6	978-7-301-18604-6	电子商务概论（第 2 版）	于巧娥	33	2012	课件、习题答案
	【专业基础课与应用技术类】					
序号	书号	书名	作者	定价	出版日期	配套情况
1	978-7-301-13569-3	新编计算机应用基础案例教程	郭丽春	30	2009	课件、习题答案
2	978-7-301-18511-7	计算机应用基础案例教程(第 2 版)	孙文力	32	2011	课件、习题答案
3	978-7-301-16046-6	计算机专业英语教程(第 2 版)	李 莉	26	2010	课件、答案
4	978-7-301-19803-2	计算机专业英语	徐 娜	30	2012	课件、素材、答案

电子书(PDF 版)、电子课件和相关教学资源下载地址：http://www.pup6.cn，欢迎下载。
联系方式：010-62750667，liyanhong1999@126.com，linzhangbo@126.com，欢迎来电来信。